普通高等学校新工科校企共建智能制造相关专业系列教材
智能制造高端工程技术应用人才培养新形态一体化系列教材

机器人工程
应用仿真实践

组　编　工课帮

主　编　潘卫平

副主编　胡瑞玲　熊　婷

参　编　杨　霜　高　迟

U0172562

华中科技大学出版社
http://www.hustp.com
中国·武汉

内 容 简 介

本书以工业机器人集成项目仿真为对象,使用仿真软件 RobotStudio 进行工业机器人的基本操作、功能设置、二次开发、在线监控与编程、方案设计和验证的学习。中心内容包括认识、安装工业机器人仿真软件,仿真工作站知识储备,项目式教学包,RobotStudio 中的建模功能,机器人离线轨迹编程,Smart 组件的应用,带导轨和变位机的机器人系统创建与应用,ScreenMaker 示教器用户自定义界面,RobotStudio 在线功能。

本书适合普通本科机器人工程、智能制造工程、自动化、机械电子、电气自动化工程等相关专业的学生作为教材使用,以及从事工业机器人应用开发、调试与现场维护的工程师参考阅读。

图书在版编目(CIP)数据

机器人工程应用仿真实践/工课帮组编;潘卫平主编. —武汉:华中科技大学出版社,2020.12(2024.7重印)
ISBN 978-7-5680-6691-4

Ⅰ.①机… Ⅱ.①工… ②潘… Ⅲ.①机器人工程 Ⅳ.①TP24

中国版本图书馆 CIP 数据核字(2020)第 250228 号

机器人工程应用仿真实践
Jiqiren Gongcheng Yingyong Fangzhen Shijian

工课帮 组编
潘卫平 主编

策划编辑:袁 冲

责任编辑:狄宝珠

责任监印:朱 玢

出版发行:华中科技大学出版社(中国·武汉)　　电话:(027)81321913
　　　　　武汉市东湖新技术开发区华工科技园　　邮编:430223

录　排:华中科技大学惠友文印中心

印　刷:武汉市籍缘印刷厂

开　本:787mm×1092mm　1/16

印　张:10

字　数:268 千字

版　次:2024 年 7 月第 1 版第 3 次印刷

定　价:39.00 元

"工课帮"简介

　　武汉金石兴机器人自动化工程有限公司(简称金石兴)是一家专门致力于工程项目与工程教育的高新技术企业,"工课帮"是金石兴旗下的高端工科教育品牌。

　　自"工课帮"创立以来,教学研发团队一直致力于打造精品课程资源,不断在产、学、研三个层面创新执教理念与教学方针,并集中"工课帮"的优势力量,有针对性地出版了智能制造系列教材二十多种,制作了教学视频数十套,发表了各类技术文章数百篇。

　　"工课帮"不仅研发智能制造系列教材,还为高校师生提供配套学习资源与服务。

　　为高校学生提供的配套服务:

　　(1)针对高校学生在学习过程中压力大等问题,"工课帮"为高校学生量身打造了"金妞","金妞"致力推行快乐学习。高校学生可添加 QQ(2360363974)获取相关服务。

　　(2)高校学生可用 QQ 扫描下方的二维码,加入"金妞"QQ 群,获取最新的学习资源,与"金妞"一起快乐学习。

　　为工科教师提供的配套服务:

　　针对高校教学,"工课帮"为智能制造系列教材精心准备了"课件＋教案＋授课资源＋考试库＋题库＋教学辅助案例"系列教学资源。高校老师可联系大牛老师(QQ:289907659),获取教材配套资源,也可用 QQ 扫描下方的二维码,进入专为工科教师打造的师资服务平台,获取"工课帮"最新教师教学辅助资源。

进入 21 世纪,机器人已经成为现代化工业不可缺少的工具,它标志着工业的现代化程度。国外在 20 世纪 70 年代末就开始了机器人离线规划和编程系统的研究。机器人是一个叫编程的机械装置,其功能的灵活性和智能性很大程度上取决于机器人的编程能力。由于机器人应用范围的扩大和所完成任务复杂程序不断增加,机器人工作任务的编制已经成为一个重要问题。通常,机器人编程方式可分为示教再现编程和离线编程。机器人离线编程技术对工业机器人的推广应用及其工作效率的提高有着重要意义,离线编程可以大幅度节省制造时间,实现计算机的实时仿真,为机器人编程和调试提供安全灵活的环境,是机器人开发应用的研究方向。

在本书中,通过项目式教学的方法,对 ABB 公司的 RobotStudio 软件的操作、建模、Smart 组件的使用、轨迹离线编程、动画效果的制作、模拟工作站的构建、仿真验证以及在线操作进行了全面的讲解(说明:Robotware 为机器人系统库文件,安装完成后只会在指定位置生成机器人系统库,可以存在多个版本;RobotStuido 为机器人仿真操作软件;两者必须全部完全安装方可正常使用)。本教材中,使用 RobotStudio 的版本为 6.00.01,RobotWare 使用版本为 5.15.02_2005 和 6.00.00_1105。

本书内容以实践操作过程为主线,采用以图为主的编写形式,通俗易懂,适合作为普通高校和高等职业院校的工业机器人工程应用仿真课程的教材。

同时,本书也适合从事工业机器人应用开发、调试、现场维护的工程技术人员学习和参考,特别是已掌握工业机器人基本操作,需要进一步掌握工业机器人工程应用模拟仿真的工程技术人员参考。

尽管编者主观上想努力使读者满意,但书中肯定还会有不尽人意之处,欢迎读者提出宝贵的意见和建议。对本书中的疏漏之处,我们热忱欢迎读者提出宝贵的意见和建议。如有问题请给我们发邮件:2360363974@qq.com。

编　者

2020 年 8 月

实践 1
编程仿真软件的认知

【学习目标】

※ **实践目标**

- 认识什么是工业机器人仿真软件以及特点。
- 学习 RobotStudio 软件操作界面和基本的软件环境设置。
- 学习应用鼠标键盘对软件的操作。

※ **实践内容**

- 工业机器人仿真技术、特点以及常用的仿真软件。
- RobotStudio 软件介绍。
- RobotStudio 的软件界面。
- 使用鼠标操作软件的方法。
- 软件选项功能设定。
- 文件打包解包的方法。

※ **实践要求**

- 理解工业机器人仿真技术的功能。
- 了解在线编程、离线编程的优缺点和使用场合。
- 熟悉 RobotStudio 软件操作界面。
- 掌握应用鼠标选择物体和对视图的操作。
- 掌握文件打包解包的方法。

◀ 1.1 工业机器人仿真技术 ▶

工业机器人仿真应用技术利用虚拟现实技术,针对工业机器人在现实生产制造过程中的应用进行模拟,直观地展示工艺过程和工艺节拍,以发现问题、优化产品设计、缩短开发周期并降低成本,为实际生产制造和方案评估带来便捷。

通常来讲,机器人编程可分为示教在线编程和离线编程两种。对于复杂应用,在线示教编程在实际应用中主要存在以下问题。

(1)示教在线编程过程烦琐,效率低。

(2)精度完全是靠示教者的目测决定,而且对于复杂的路径示教,在线编程难以取得令人满意的效果。

与示教编程相比,离线编程有如下优势。

(1)减少机器人的停机时间,当对下一个任务进行编程时,机器人仍可在生产线上进行工作。

(2)通过仿真功能,能预知发生的问题,从而将问题消灭在萌芽阶段。

(3)适用范围广,可对各种机器人进行编程,并能方便地实现优化编程。

(4)可对复杂任务进行编程。

(5)便于修改机器人程序。

常用离线编程仿真软件,可按不同标准分类,例如,可以按国内与国外分类,也可以按通用

离线编程软件与厂家专用离线编程软件。按国内与国外分类,分为以下两大阵营:

国内:RobotArt。

国外:RobotMaster、RobotWorks、Robomove、RobotCAD、DELMIA、RobotStudio、RoboGuide。

按通用离线编程与厂家专用离线编程,又可以为以下两大阵营:

通用:RobotArt、RobotMaster、Robomove、RobotCAD、DELMIA;

厂家专用:RobotStudio(ABB)、RoboGuide(FANUC)、KUKA Sim(KUKA)。

1.1.1 RobotStudio 软件介绍

RobotStudio 是一个用于 ABB 机器人配置、编程和仿真的工程工具,同时支持工厂中的真实机器人和 PC 中的虚拟机器人。为了实现真正的离线编程,RobotStudio 采用了 ABB VirtualRobot™技术。PC 运行的软件与机器人在实际生产中运行的完全一致。因此 RobotStudio 可执行十分逼真的模拟,所编制的机器人程序和配置文件均可直接用于生产现场。

RobotStudio 包括如下功能。

1. CAD 导入

可方便地导入各种主流 CAD 格式的数据,包括 IGES、STEP、VRML、VDAFS、ACIS 及 CATIA 等。机器人程序员可依据这些精确的数据编制精度更高的机器人程序,从而提高产品质量。

2. 自动路径生成

该功能通过使用待加工零件的 CAD 模型,仅在数分钟之内便可自动生成跟踪加工曲线所需要的机器人位置(路径),而这项任务以往通常需要数小时甚至数天。

3. 程序编辑器

可生成机器人程序,使用户能够在 Windows 环境中离线开发或维护机器人程序,可显著缩短编程时间、改进程序结构。

4. 可达性分析

通过 Autoreach 可自动进行可到达性分析,使用十分方便,用户可通过该功能任意移动机器人或工件,直到所有位置均可到达,在数分钟之内便可完成工作单元平面布置验证和优化。

5. 在线作业

使用 RobotStudio 与真实的机器人进行连接通信,对机器人进行便捷的监控、程序修改、参数设定、文件传送及备份恢复的操作,使调试与维护工作更轻松。

6. 碰撞检测

碰撞检测功能可避免设备碰撞造成的严重损失。选定检测对象后,RobotStudio 可自动监测并显示程序执行时这些对象是否会发生碰撞。

7. 应用功能包

针对不同的应用推出功能强大的工艺功能包,将机器人更好地与工艺应用进行有效的融合。

8. 二次开发功能

可采用 VBA 改进和扩充 RobotStudio 功能,根据用户具体需要开发功能强大的外接插件、宏,或者定制用户界面。

1.1.2 RobotStudio 的软件界面

1. RobotStudio 软件界面(功能选项卡)

如图 1-1 所示,RobotStudio 有七个选项卡:文件、基本、建模、仿真、控制器、RAPID、Add-Ins,各选项卡功能介绍如表 1-1 所示。RobotStudio 工作在不同选项卡下对应有不同的浏览器显示工作对象和对工作对象进行操作。

图 1-1　RobotStudio 功能选项卡

表 1-1　RobotStudio 功能选项卡说明

选 项 卡	描 述
文件	包含创建新工作站、创造新机器人系统、连接到控制器,将工作站另存为查看器的选项和 RobotStudio 选项
基本	包含搭建工作站、创建系统、编程路径和摆放物体所需的控件
建模	包含创建和分组工作站组件、创建实体、测量以及其他 CAD 操作所需的控件
仿真	包含创建、控制、监控和记录仿真所需的控件
控制器	包含用于虚拟控制器(VC)的同步、配置和分配给它的任务的控制措施。它还包含用于管理真实控制器的控制措施
RAPID	包含 RAPID 编辑器的功能、RAPID 文件管理及用于 RAPID 编程的其他控件
Add-Ins	加载项,包含发行包或插件等相关控件

2. RobotStudio 软件界面(布局浏览器)

布局浏览器中分层显示工作站中的项目,如机器人和工具等,如表 1-2 所示。

表 1-2　RobotStudio 图标说明

图 标	节 点	描 述
	机器人	工作站中的机器人
	工具	工具
	链接集合	包含对象的所有链接
	中间连接件	关节连接中的实际对象。每个链接由一个或多个部件组成
	框架	包含对象的所有框架
	组件组	部件或其他组装件的分组,每组都有各自的坐标系。它用来构建工作站
	部件	RobotStudio 中的实际对象。包含几何信息的部件由一个或多个 2D 或 3D 实体组成。不包含几何信息的部件为空

图　　标	节　　点	描　　述
	碰撞集	包含所有的碰撞集。每个碰撞集包含两组对象
	对象组	包含接受碰撞检测的对象的参考信息
	碰撞集机械装置	碰撞集中的对象
	框架	工作站内的框架

3．RobotStudio 软件界面（路径和目标点浏览器）

路径和目标点浏览器分层显示了非实体的各个项目，如表 1-3 所示。

表 1-3　RobotStudio 路径和目标点图标说明

图　　标	节　　点	描　　述
	工作站	RobotStudio 中的工作站
	虚拟控制器	用来控制机器人的系统，例如真实的 IRC5 控制器
	任务	包含工作站内的所有逻辑元素，例如目标、路径、工作对象、工具数据和指令
	工具数据集合	包含所有工具数据
	工具数据	用于机器人或任务的工具数据
	工件坐标与目标点	包含用于任务或机器人的所有工件坐标和目标点
	接点目标集合与接点目标	机器人轴的指定位置
	工件坐标集合和工件坐标	工件坐标集合节点和该节点中包含的工件坐标
	目标点	目标点相当于 RAPID 程序中的 RobTarget
	不带指定配置的目标点	尚未指定轴配置的目标点，例如，重新定位的目标点或通过微动控制之外的方式创建的新目标点
	不带已找到配置目标点	无法伸展到的目标点，即尚未找到该目标点的轴配置
	路径集合	包含工作站内的所有路径
	路径	包含机器人的移动指令
	线性移动指令	到目标点的线性 TCP 运动。如果尚未指定目标的有效配置，移动指令就会得到与目标点相同的警告符号
	关节移动指令	目标点的关节动作。如果尚未指定目标的有效配置，移动指令就会得到与目标点相同的警告符号
	动作指令	定义机器人的动作，并在路径中的指定位置执行

4. RobotStudio 软件界面(建模浏览器)

建模浏览器显示了所有可编辑对象及其构成部件,如表1-4所示。

表1-4　RobotStudio 建模图标说明

图　标	节　点	描　述
	Part(部件)	与Layout(布局)浏览器中的对象对应的几何物体
	Body(物体)	包含各种部件的几何构成块。3D物体包含多个表面,2D物体包含一个表面,而曲线物体不包含表面
	Face(表面)	物体的表面

5. RobotStudio 软件界面(控制器浏览器)

控制器浏览器用分层方式显示控制器和配置元素,如表1-5所示。

表1-5　RobotStudio 控制器图标说明

图　标	节　点	描　述
	控制器	包含连接至当前机器人监控窗口(RobotView)的控制器
	已连接控制器	表示已经连接至当前网络的控制器
	正连接控制器	表示一个正在连接的控制器
	已断开控制器	表示断开连接的控制器。该控制器可能被关闭或从当前网络断开
	拒绝登录	表示您无法登录的控制器。无法访问的原因可能是:a. 用户缺少必要的访问权限;b. 太多客户端连接至当前控制器;c. 在控制器上运行的系统的 RobotWare 版本比 RobotStudio 的版本新
	配置	包含配置主题
	主题	配置主题(连接、控制器、I/O、人机交互、运动)
	事件日志	通过事件日志,您可以查看或保存控制器事件信息
	I/O系统	控制器I/O系统。I/O系统由工业网络和设备组成
	工业网络	工业网络是一个或多个设备的连接介质
	设备	设备指拥有端口的电路板、面板或任何其他设备,可以用来发送I/O信号
	RAPID任务	包括控制器上活动状态的任务(程序)
	任务	任务即为机器人程序,可以单独执行也可以和其他程序一起执行。程序由一组模块组成
	程序模块	程序模块包含一组针对特定任务的数据声明和例行程序。程序模块包含特定于当前任务的数据

图 标	节 点	描 述
	Nostepin 模块	在逐步执行时不能进入的模块。也就是说,在程序逐步执行时,该模块中的所有指令被当作一条指令
	只查看和只读程序模块	只查看或只读程序模块的图标
	只查看和只读系统模块	只查看或只读系统模块的图标
	操作步骤	不返回值的例行程序。过程用作了程序
	功能程序	返回特定类型值的例行程序
	中断程序	对中断做出反应的例行程序

6. RobotStudio 软件界面(文件浏览器)

通过 RAPID 选项卡中的文件浏览器,可以管理 RAPID 文件和系统备份。使用文件浏览器,可以访问未驻留在控制器内存中的独立 RAPID 模块和系统参数文件,并接着进行编辑。如表 1-6 所示。

表 1-6 RobotStudio 文件图标说明

图 标	节 点	描 述
	文件	管理 RAPID 文件
	备份	管理系统备份

◀ 1.2 仿真软件操作介绍 ▶

1.2.1 鼠标的使用

使用鼠标的说明如表 1-7 所示。

表 1-7 使用鼠标的说明

用 于	键盘/鼠标组合	描 述
选择项目 		只需单击要选择的项目即可。要选择多个项目,请按 CTRL 键的同时单击新项目
旋转工作站 	CTRL+SHIFT+ 	按 CTRL+SHIFT 键,点击鼠标左键的同时,拖动鼠标对工作站进行旋转

用　于	键盘/鼠标组合	描　述
平移工作站	CTRL+	按 CTRL 键和鼠标左键的同时，拖动鼠标对工作站进行平移
缩放工作站	CTRL+	按 CTRL 键和鼠标右键的同时，将鼠标拖至左侧可以缩小。将鼠标拖至右侧可以放大。 三键鼠标，还可以使用中间键替代键盘组合
窗口缩放	SHIFT+	按 SHIFT 键和鼠标右键的同时，将鼠标拖过要放大的区域
窗口选择	SHIFT+	按 SHIFT 键和鼠标左键的同时，将鼠标拖过该区域，以选择与当前选择层级匹配的所有项目

1.2.2　软件选项功能设定

RobotStudio 提供了软件参数设置，用户可以根据自己的喜好定义软件的界面、文件保存路径、数值的显示方式等。在"文件"选型卡中，点击"选型"，进入选型界面，如图 1-2 所示。下面重点介绍外观、单位、自动保存、屏幕抓图等选项。

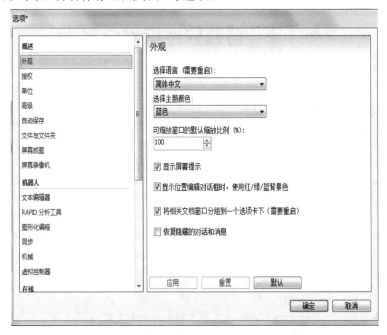

图 1-2　选项功能设定

1. 外观

外观选项说明如表 1-8 所示。

表 1-8　外观选项说明

图　　示	选　项	说　　明
外观 选择语言(需要重启): 简体中文 选择主题颜色: 蓝色 可缩放窗口的默认缩放比例 (%): 100 ☑ 显示屏幕提示 ☑ 显示位置编辑对话框时，使用红/绿/蓝背景色 ☑ 将相关文档窗口分组到一个选项卡下 (需要重启) ☐ 恢复隐藏的对话和消息 应用　重置　默认	选择语言	选择要使用的语言。有以下七种语言版本:英语、法语、德语、西班牙语、意大利语、日语和中文(简体)
	选择主题颜色	选择要使用的主题颜色
	可缩放窗口的默认缩放比例	指定可缩放窗口使用的默认缩放比例,如 RAPID 编辑器、RAPID 数据编辑器
	显示屏幕提示	选中此复选框可查看屏幕提示
	显示位置编辑对话框时,使用红/绿/蓝背景色	如果您希望在带颜色背景的修改对话框中显示位置框,请选中此复选框
	将相关文档窗口分组到一个选项卡下(需要重启)	若选择此复选框,则将相关文档窗口分组到一个选项卡下。修改此选项后,必须重启才能让所做更改生效

2. 单位

单位选项说明如表 1-9 所示。

表 1-9　单位选项说明

图　　示	选　项	说　　明
单位 计量单位: 未指定 计量单位属性 单元: Unspecified 显示为十进制: 2 编辑十进制: 3 默认朝向格式: ● RPY角度 (欧拉ZYX) ○ 四元数 应用　重置　默认	计量单位	选择要设置确定单位类型
	计量单位属性	修改单位属性
	单元	选择单位
	显示为十进制	输入显示的小数位
	编辑十进制	输入编辑的小数位
	默认朝向格式:RPY 角度(欧拉 ZYX)或四元数	指定要用于方向的默认格式

3. 自动保存

自动保存选项说明如表 1-10 所示。

表 1-10　自动保存选项说明

图　示	选　项	说　明
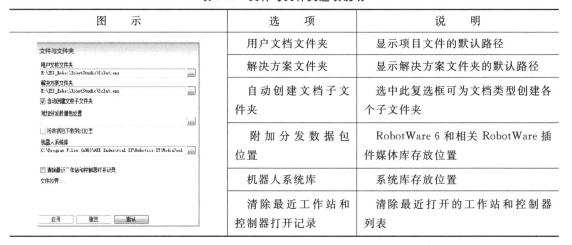	启用 RAPID 的自动保存	此复选框默认选中，RAPID 程序每隔 30 秒会自动保存
	启用工作站自动保存	未保存的工作站按 minute interval(分钟间隔)框中指定的间隔自动保存
	启用工作站文件的自动备份	按备份数量列表对工作站文件进行数次备份并将其保存在对应工作站文件夹下的子目录中
	允许自动备份解决方案中的控制器	选择此选项以在当保存工作站时备份解决方案的虚拟控制器

4. 文件与文件夹

文件与文件夹选项说明如表 1-11 所示。

表 1-11　文件与文件夹选项说明

图　示	选　项	说　明
	用户文档文件夹	显示项目文件的默认路径
	解决方案文件夹	显示解决方案文件夹的默认路径
	自动创建文档子文件夹	选中此复选框可为文档类型创建各个子文件夹
	附加分发数据包位置	RobotWare 6 和相关 RobotWare 插件媒体库存放位置
	机器人系统库	系统库存放位置
	清除最近工作站和控制器打开记录	清除最近打开的工作站和控制器列表

5. 屏幕抓图

屏幕抓图选项说明如表 1-12 所示。

表 1-12　屏幕抓图选项说明

图　示	选　项	说　明
	整个应用程序窗口	选择此选项可捕获整个应用程序窗口
	活动文档窗口	选择此选项可捕获活动文档窗口，特别是图形窗口
	复制到剪贴板	选中此复选框可将捕获的图像保存至系统剪贴板
	保存到文件	选中此复选框可将捕获的图像保存至文件

6. 图形外观

图形外观选项说明如表 1-13 所示。

表 1-13　图形外观选项说明

图　示	选　项	说　明
	抗锯齿(需重启)	移动此滑块可控制用于修平锯齿状边缘的多重采样水平
	字体(需重启)	指定标记中使用的字体
	高级照明	选中该复选框可默认启用高级照明
	投影:透视或正交	透视:默认查看对象为透视视图 正交:默认查看对象为正交视图
	自定义背景色	单击矩形色块改变默认背景色
	显示地板	设置是否显示地板
	透明	将地板设置成透明
	显示 UCS 网格	设置是否显示 UCS 网格
	网格空间	设置 UCS 网格间距
	显示 UCS 坐标系统	设置显示 UCS 坐标系统
	显示世界坐标系	设置显示世界坐标系
	显示导航和选择按钮	设置显示导航和选择按钮

◀ 1.3　文件打包解包 ▶

打包(Pack & Go)创建一个包含虚拟控制器、库和附加选型媒体库的活动工作站。解包(Unpack and Work)启动并恢复虚拟控制器并打开工作站。通过"打包"和"解包"功能,实现数据在不同计算机上共享。

1. 打包工作站

(1) 在 File(文件)菜单中,单击共享-打包。将会打开 Pack & Go 对话框。

(2) 输入数据包名称,然后浏览并选择数据包的位置。

(3) 选择用密码保护数据包(可选项)。

(4) 点击 OK(确定)。

2. 解包工作站

(1) 在 File(文件)菜单中,单击共享-解包以打开 Unpack & Work Wizard(解包向导)。

(2) 在欢迎使用解包向导页面上,点击下一步。

(3) 在 Select package(选择包)页面中,单击 Browse(浏览)以及选择要解包的打包文件和 Select the directory where the files will be unpacked 选择文件的解包目录。单击下一步。

(4) 在控制器系统页面中,选择 RobotWare 版本,然后单击浏览,选择到媒体库的路径。或者,选择自动恢复备份的复选框。单击下一步。

（5）在解包准备就绪页面，查看解包信息然后单击结束。

（6）在解包已完成页面上，查看结果，然后点击关闭。

打包和解包如图1-3所示。

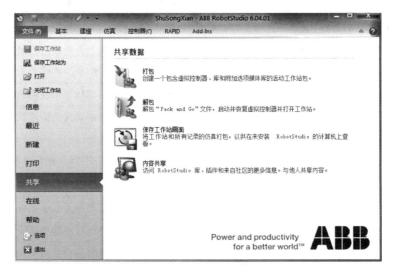

图1-3　打包和解包

课后练习

1. 简述工业机器人仿真软件的作用。
2. 简述离线编程仿真软件的优点。
3. 简述 RobotStudio 软件的功能。
4. 熟悉 RobotStudio 软件的界面。
5. 设置 RobotStudio 软件的操作环境。
6. 创建一个包含 IRB120 机器人的工作站。

实践 2
机器人仿真工作站布局

【学习目标】

※ **实践目标**

- 学习 RobotStudio 软件中模型的导入和建模。
- 学习创建机器人使用的工具。
- 学习创建具有活动关节的机械装置。

※ **实践内容**

- 工作站模型的来源种类以及导入。
- 创建工作站的方法。
- 本地原点的定义和修改方法。
- 选择对象和捕捉特征点的方法。
- 设定对象位置的方法。
- 创建机器人用户工具的方法。
- 创建机械装置的方法。

※ **实践要求**

- 掌握创建工作站的方法。
- 能根据项目的实际情况导入工作站模型。
- 能将物体摆放在工作站规定的位置。
- 掌握机器人用户工具的创建方法。
- 掌握机械装置的创建方法。

◀ 2.1 工作站模型导入放置及简单建模 ▶

工业机器人工作站是指以一台或多台机器人为主,配以相应的周边设备,如变位机、导轨、工装夹具等,或借助人工的辅助操作一起完成相对独立的一种作业或工序的一组设备组合。在 RobotStudio 中进行工业机器人应用仿真时,根据设备的相对关系、部件组成、设计者思路等信息,把工业机器人、工作对象及周边设备在软件中搭建起来,以获得准确的位置坐标和工艺过程等信息。

2.1.1 工作站模型

在 RobotStudio 中编程或仿真时,需要使用工件和设备的模型。有些标准设备的模型是以程序库或几何体安装在 RobotStudio 中。有些工件和自定义设备用户拥有 CAD 模型,可以将这些模型作为几何体导入 RobotStudio。如果没有设备的 CAD 文件,可以在 RobotStudio 中创建该设备的模型。所以在 RobotStudio 中有三种模型文件。

1. 库模型

库模型包括 ABB 机器人模型库、设备库和用户自定义的库。库模型在 RobotStudio 中已另存为外部文件的对象。导入库模型时,将会创建工作站至程序库文件的连接。除几何数据外,库模型可以包含 RobotStudio 特有的数据。例如,如果将工具另存为库,工具数据将与

CAD 数据保存在一起。对经常用的模型可以保存成库文件,方便在多个工作站调用。

2. CAD 文件

对于复杂的模型可以通过第三方的建模软件进行建模,再导入到 RobotStudio。RobotStudio 的原生 3D CAD 格式是 SAT。

3. 几何体

RobotStudio 可以创建简单的几何模型。在图 2-1 所示的工作站布局中,IRB1410 是 ABB 模型库文件,IRC5 控制柜从导入模型库的设备导入,末端操作器是用户自定义库文件,其他如"视觉跟踪模组""控制框总装""外围护栏模块"都来自第三方建模软件。在建模选项卡的创建中,可以创建几何体,如图 2-2 所示。在基本选项卡的建立工作站组中,可以找到导入模型的对应入口,如图 2-3 所示。

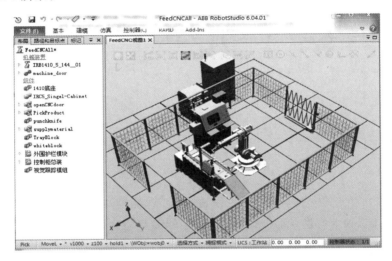

图 2-1 RobotStudio 工作站

图 2-2 创建几何体

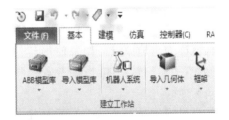

图 2-3 导入模型入口

2.1.2 创建工作站

RobotStudio 有三种方法新建工作站,创建界面如图 2-4 所示。

(1) 空工作站解决方案:创建一个包含空工作站的解决方案文件结构。

(2) 工作站与机器人控制器解决方案:创建一个包含工作站和机器人控制器的解决方案。可用的机器人型号显示在界面的右边。

(3) 空工作站。

注:RobotStudio 将解决方案定义为文件夹的总称,其中包含工作站、库和所有相关元素的

结构。解决方案文件夹包含下列文件夹和文件:

(1) 工作站:作为解决方案一部分而创建的工作站;

(2) 系统:作为解决方案一部分而创建的虚拟控制器;

(3) 库:在工作站中使用的用户定义库;

(4) 解决方案文件:打开此文件会打开解决方案。

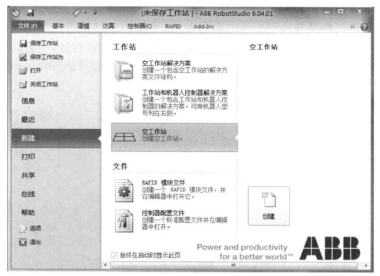

图 2-4　新建工作站

使用"空工作站"的方法创建工作站,工作站构建工作流程如下。

Step1:在基本选项卡的建立工作站组中,单击 ABB 模型库,选择所需的机器人、变位机和导轨。

Step2:导入或创建要使用的对象,比如末端操作器、机器人底座、周边设备等。

Step3:摆放机器人和其他设备,优化工作站布局。

2.1.3　本地原点

每个对象都有各自的坐标系,我们称之为本地坐标系,对象的尺寸都在此坐标系中定义,其原点也就称为本地原点。如果使用其他坐标系作为参考表示对象位置,用的是对象的本地原点。比如,手动旋转物体,当参考坐标系设置为本地,旋转轴即为该物体本地坐标系的坐标轴,如图 2-5 所示。

使用设定本地原点命令可重新定位对象的本地坐标系,其对象本身并不会改变,如图 2-6所示。设定本地坐标系原点的步骤如下。

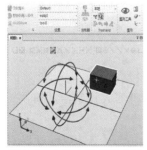

图 2-5　本地坐标系的应用

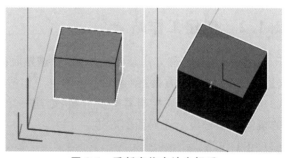

图 2-6　重新定位本地坐标系

Step1：如果要修改的对象为库文件，需要首先断开其与库的连接。

Step2：在布局浏览器或图形窗口中，选择要修改的对象。

Step3：右击，找到修改选项卡的设定本地原点，如图 2-7 所示。单击打开对话框，如图 2-8 所示。

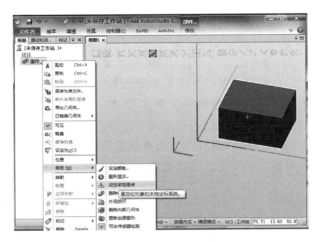

图 2-7　设定本地原点

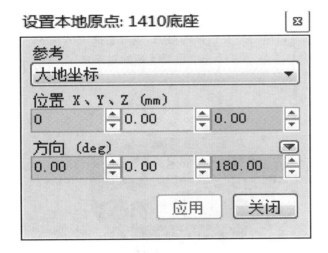

图 2-8　设定本地原点对话框

Step4：在设定本地原点对话框中，选择要使用的参考坐标系。

选择的原则如表 2-1 所示。

表 2-1　设定本地原点参考

所选坐标系	位置坐标值的参考坐标系
Local（本地）	相对于自身坐标系
父级	相对于上一级坐标系
大地坐标	完全使用工作站坐标系
UCS	相对于用户定义坐标系

Step5：在位置 X、Y、Z 框中，输入新位置的值，或先在其中一个值框中单击选中，然后在图形窗口中选择点。注：在位置 X、Y、Z 框中，以不同颜色区分 X、Y、Z 坐标，红色在上面选择的

参考坐标系下表示 X 值,绿色表示 Y 值,蓝色表示 Z 值。只有当鼠标闪烁时,才可以输入值或选取点。

Step6:输入方向值。在方向值框中,红色表示在上面选择的参考坐标系下绕 X 轴旋转,绿色表示绕 Y 轴旋转,蓝色表示绕 Z 轴旋转。只有当鼠标闪烁时,才可以输入值或选取点。

Step7:单击应用,本地原点修改完成。

2.1.4 选择对象和捕捉特征点

在搭建工作站的过程中,经常需要选取工作站中的各个对象,在选择物体的过程中,可以首先确定选择层级,确定选择层级后,当鼠标移至物体时,相应类型对象会突出显示,对象才会被选中,选中后,对象的外边以白色边框显示,并出现一个类似十字架的白色线框。图 2-9(a)表示可选层级依次如下:曲线、表面、物体、部件、组、机械装置、目标点/框架和路径,图 2-9(b)为设置捕捉特征点按钮,可以采用捕捉工具进行点的选取,图 2-10 所示为选取示例。

(a)　　　　　　　　　　　　　　　(b)

图 2-9　选择对象和捕捉特征点图标

选择一个对象时,既可以在图形窗口中选取,也可以在布局浏览器中选取,首先单击相应的图标确定选择层级,再在窗口单击想要选择的对象,该对象被突出显示。如果选择多个对象,按SHIFT 键,同时在图形窗口中拖动鼠标选中想要选择的对象。

图 2-10　选取示例

2.1.5 位置设定

导入或创建对象后,要实现工作站所需的布局,需要放置对象至相应位置。放置对象就是设置对象的位置和方位。在布局浏览器中,选中物体右击鼠标,在弹出的菜单中找到位置,把鼠标放在位置上,出现菜单,有设定位置、偏移位置、旋转和放置,下面一一介绍。

1. 设定位置

其参数与设定本地原点相同。要注意所设定的位置是物体的本地坐标系。如图 2-11 和图 2-12 所示。

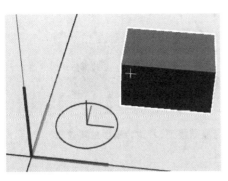

图 2-11　设定位置原位

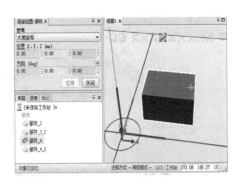

图 2-12　设定位置输入位

2．偏移位置

在参考系下，沿着 X、Y、Z 轴进行相对偏移和旋转。

3．旋转

与偏移位置中的旋转不同的是可以绕工作站任意直线旋转物体，如图 2-13 所示。

(a)绕空间轴旋转

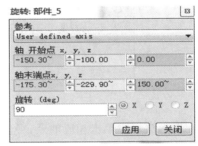
(b)设置旋转轴的两点

图 2-13　旋转功能

4．放置

选择要移动的项目，单击"放置"，有 5 种放置方法，见表 2-2。图 2-14 为不同放置方法的比较，图的左边为物体原来的位置，右边为应用不同放置的效果。

表 2-2　放置功能描述

对　象	描　述
一个点	从一个位置到另一个位置而不改变对象的方位
两点	根据起始点和结束点之间的关系，对象将会移动并与第一个点相匹配，再进行旋转与第二个点相匹配
三点	根据起始平面和结束平面之间的关系，对象将会移动并与第一个点相匹配，再进行旋转与第三个点相匹配
框架	从一个位置移动到目标位置或框架位置，同时根据框架方位更改对象的方位。对象位置随终点坐标系的方位改变
两个框架	由一个相关联的坐标系移到另外的坐标系

Step1：选择要放置的项目，右击，在弹出的菜单中，单击放置，弹出放置对象对话框，如图 2-15所示。

Step2：选择要使用的参考坐标系。

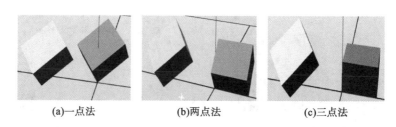

(a)一点法   (b)两点法   (c)三点法

图 2-14 三种放置方法的不同效果(图中左边为原始模型,右边为模型放置效果)

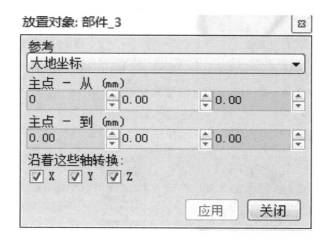

图 2-15 放置对象对话框

Step3:在图形窗口中单击相应的点,将值分别传送到起点框和终点框。

Step4:单击应用。

"两点法""三点法"的创建方法与"一点法"基本一致,只是增加了 X、Y 轴的方向设置。

课后练习

(1) 解包"tgluegunPosition. rspag",如图 2-16 所示,调整胶枪的位置至图 2-17 所示位置。要求:①胶枪的位姿与图示一致,背面与大地坐标系的 XY 平面平行,原点在圆心处;②将其本地原点设在圆孔的圆心处。

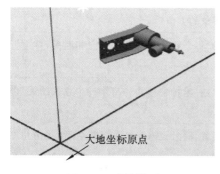

图 2-16 胶枪模型

图 2-17 设定后的位置

(2) 导入"数控机床模组(开门). stp",文件中的 CNC 机床门是打开的,如图 2-18 所示,在 RobotStudio 中,应用所学工具将机床模型修改成图 2-19 所示状态。要求:①机床门关闭,门边与机床边框对齐;②柜体门关闭,门边与柜框对齐。

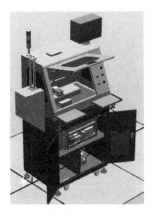

图 2-18 修改前的数控机床模组　　　　图 2-19 修改后的数控机床模组

2.2 工业机器人工具创建和安装

工业机器人的末端操作器在 RobotStudio 软件中被创建为具有"工具"特性的装置，能与机械手臂随动，可以设置质量、重心和 I_x、I_y、I_z 转动惯量等参数。工具有两种来源：系统库工具和用户创建机器人工具。

2.2.1 加载系统库工具

在 RobotStudio 软件的系统文件库中，给出了一些工具模型，如图 2-20 所示，这些模型已经具有工具特性，用户可以直接调用。

本节应用库文件的"mytool"为例，说明怎样加载和安装系统库的工具。

Step1：新建一个空工作站。

Step2：在"ABB 模型库"导入一个机器人模型，如 IRB1410。

Step3：在"基本"功能选项卡中，打开"导入模型库"-->"设备"下拉菜单，通过右侧滚条向下拉，选择"myTool"。

Step4：在布局浏览器中，在"MyTool"上按住左键，向上拖到"IRB1410-5-144-01"后松开左键。

Step5：在弹出的"更新位置"对话框中，单击"是"，工具安装到机器人法兰盘，如图 2-21 所示。

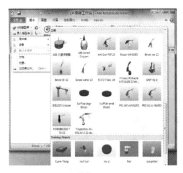

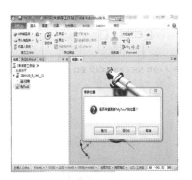

图 2-20 工具模型库示意图　　　　图 2-21 工具安装到机器人法兰盘示意图

2.2.2 创建机器人用户工具

在实际应用中,末端操作器都是针对具体任务专门设计的,这时在 RobotStudio 中需自定义工具。在构建工业机器人工作站时,我们希望用户工具能够像 RobotStudio 模型库中的工具一样,安装时能够自动安装到机器人法兰盘末端并保证坐标方向一致,并且能够在工具的末端自动生成工具坐标系,从而避免工具方面的仿真误差。在本节,我们学习如何将导入的 3D 工具模型创建成具有机器人工具特性的工具(Tool)。

1. 工具的安装原理分析

工具能自动安装到机器人法兰盘末端并保证坐标方向一致,有个关键点是:工具安装到法兰盘上时,工具模型的本地坐标系必须与机器人法兰盘坐标系 Tool0 重合,工具的本地原点位置与 Tool0 的原点两者的 X、Y、Z 轴方向一致;另外,工具末端的工具坐标系框架即为机器人用户定义的工具坐标系。所以对数模有如下两个要求。

(1)工具的本地原点必须在工具的法兰端中心,坐标系的方向需保证装上去后与机器人 Tool0 一致。

(2)在工具末端(工具执行中心点)创建坐标框架。

由于用户自定义工具的 3D 模型由不同的 3D 绘图软件绘制而成,并转换成特定的文件格式,导入到 RobotStudio 软件中会出现图形特征丢失的情况,或者坐标系不能直接拿来使用。比如图 2-22 所示的激光切割器,模型在其本地坐标系中的位置和方位是任意摆放的。如果直接将模型转化为 RobotStudio 的"工具",工具安装到机器人法兰盘的位置将无法保证,这就需要我们应用前一节所学知识修改工具模型的本地坐标系。

2. 激光切割枪的工具创建

解包"LaserCuttingGun. rspag",激光切割枪 3D 模型打开如图 2-22 所示。

Step1:应用前一节所学的位置功能,将 3D 模型调整到如图 2-23 所示位置,要求激光切割枪的法兰盘的圆心与大地坐标系的原点重合,法兰盘面与大地坐标系的 XY 平面平行,其方向如图 2-24 所示。

Step2:修改本地原点,将激光切割枪本地原点设在大地坐标系的原点,如图 2-25 所示。将值全置 0,即本地原点设在大地坐标系的原点。

Step3:创建工具坐标系的框架。在"建模"功能选项卡中单击"框架"下拉菜单的"创建框架",弹出"创建框架"对话框,如表 2-3 所示。点击喷嘴端面圆心位置,将框架设在圆心位置,如图 2-26 所示。

图 2-22 激光切割枪 3D 模型

图 2-23 调整激光切割枪位置

图 2-24 激光切割枪位置放置示意图

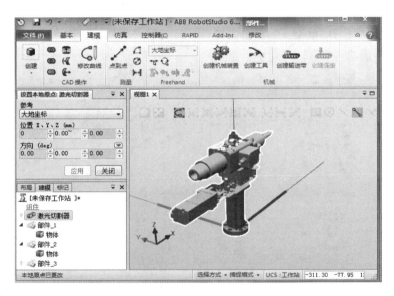

图 2-25 修改本地原点后的激光切割枪位置放置示意图

表 2-3 创建框架说明

图 示	选 项	说 明
创建框架 参考 大地坐标 框架位置 (mm) 0.00 0.00 0.00 框架方向 (deg) 0.00 0.00 0.00 □ 设定为UCS 清除 关闭 创建	参考	选择要与所有位置或点关联的 Reference(参考)坐标系
	框架位置	单击这些框之一,然后在图形窗口中单击相应的框架位置,将这些值传送至框架位置框
	框架方向	指定框架方向的坐标
	设定为 UCS	选中此复选框可将创建的框架设置为用户坐标系

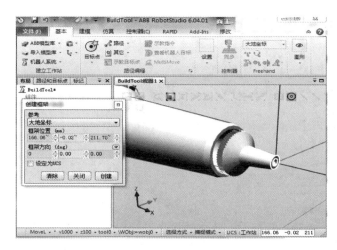

图 2-26 框架创建位置设置

Step4：修改框架位置。

激光切割枪工作时，喷嘴端面至工件表面的距离，一般为 0.5～2.0 mm，也就是说创建的工具坐标系也应距端面一定距离，这里取 2 mm。

在布局浏览器中选择"框架-1"，单击右键，单击"偏移位置"。在 Translation 框的 X 栏输入 2，单击应用，偏移成功，如图 2-27 所示。

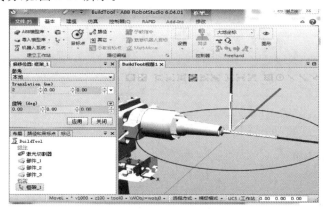

图 2-27 框架位置偏移

Step5：创建工具。

创建工具说明如表 2-4 所示。

表 2-4 创建工具说明

图 示	说 明
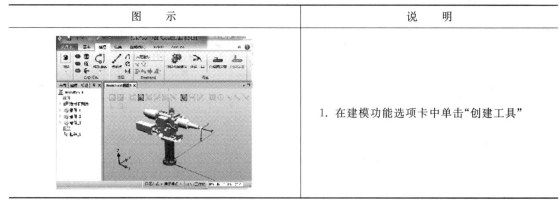	1. 在建模功能选项卡中单击"创建工具"

续表

图　　示	说　　明
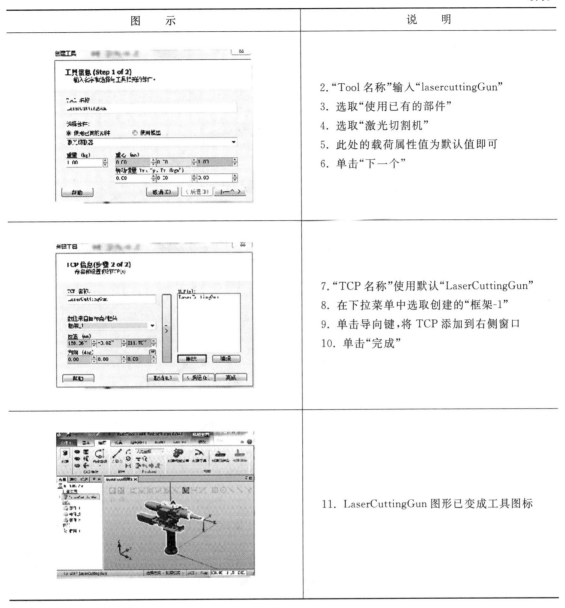	2. "Tool 名称"输入"lasercuttingGun" 3. 选取"使用已有的部件" 4. 选取"激光切割机" 5. 此处的载荷属性值为默认值即可 6. 单击"下一个"
	7. "TCP 名称"使用默认"LaserCuttingGun" 8. 在下拉菜单中选取创建的"框架-1" 9. 单击导向键,将 TCP 添加到右侧窗口 10. 单击"完成"
	11. LaserCuttingGun 图形已变成工具图标

　　若一个工具模型需要创建多个工具坐标系,那就可根据实际情况创建多个坐标系框架,然后依次把框架添加到右边的窗口中,这样就完成了工具创建。

　　Step6:安装工具。

　　从"ABB 模型库"加载机器人 IRB 1410,在布局浏览器中把工具"LaserCuttingGun"拖到机器人的图标上,在弹出的"更新位置"对话框中,单击"是",则工具将安装到机器人法兰盘上,如图 2-28 所示。

课后练习

　　解包"DoubleGripTool. rspag",这是个双爪手取料工具,在同一个工步机器人同时完成取加工件和放毛坯件的动作,如图 2-29 所示。将部件"取件夹手装配体"创建成工具,然后安装到机器人法兰盘。要求:在两个夹爪中心位置都需要创建工具坐标。

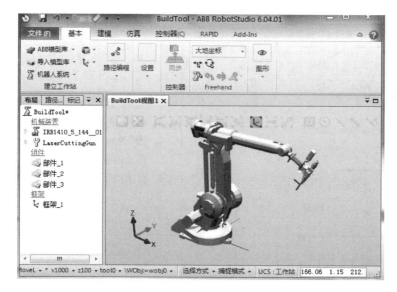

图 2-28　工具安装到机器人

(a)解包后的工作站界面　　　　(b)工具安装到机器人示意图

图 2-29　取件夹手装配体安装到机器人

◀ 2.3　创建机械装置 ▶

2.3.1　机械装置创建功能介绍

创建机械装置即创建机器人、工具、外轴或设备的图形表达式,装置的各种部件可以沿轴或绕轴移动。

创建机械装置取决于构建树型结构中的主要节点。四个节点分别是链接、关节、框架/工具数据和校准,它们最初标为红色。每个节点都配置有足够的子节点使其有效时,标记变成绿色。一旦所有节点都变得有效,即可将机械装置视作可以进行编译,因此,可以进行创建。有关其他有效性标准参见表 2-5。

表 2-5 机械装置设计要点

节 点	有效性标准
链接	①它包含多个子节点;②BaseLink 已设置;③所有的链接部件都仍在工作站内
关节	必须至少有一个关节处于活动状态且有效
框架/工具数据	①至少存在一个框架/工具数据;②对于设备,不需要框架
校准	①对于机器人,只需一项校准;②对于外轴,每个关节需要一项校准;③对于工具或设备,接受校准,但不是必须的

2.3.2 创建机械装置

我们以创建机床门的动画来演示设计方法。打开任务包"CNCMechanism. rspag"进行后续操作,如表 2-6 所示。

表 2-6 创建机械装置说明

图 示	说 明
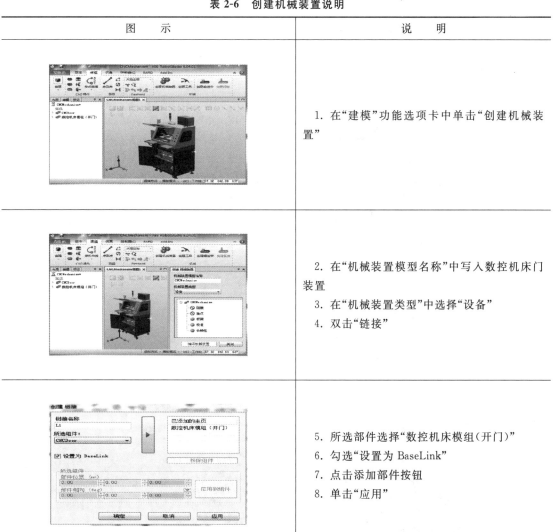	1. 在"建模"功能选项卡中单击"创建机械装置"
	2. 在"机械装置模型名称"中写入数控机床门装置 3. 在"机械装置类型"中选择"设备" 4. 双击"链接"
	5. 所选部件选择"数控机床模组(开门)" 6. 勾选"设置为 BaseLink" 7. 点击添加部件按钮 8. 单击"应用"

图　　示	说　　明
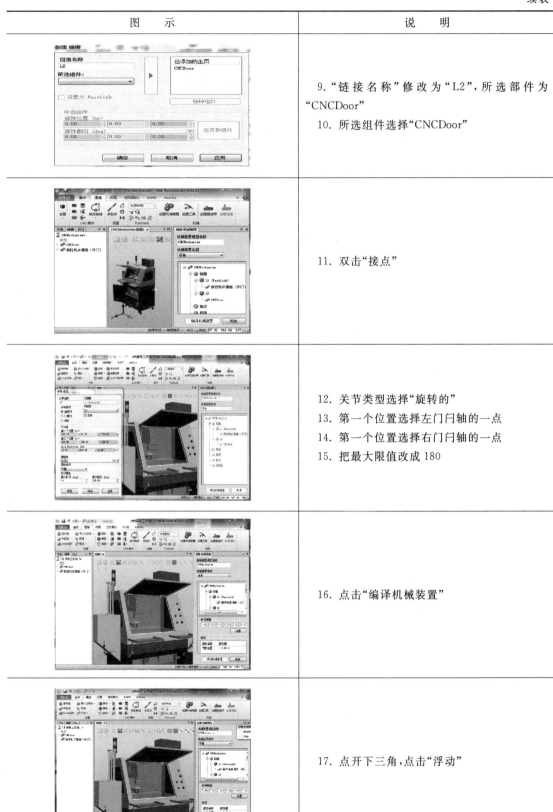	9. "链接名称"修改为"L2",所选部件为"CNCDoor" 10. 所选组件选择"CNCDoor"
	11. 双击"接点"
	12. 关节类型选择"旋转的" 13. 第一个位置选择左门闩轴的一点 14. 第一个位置选择右门闩轴的一点 15. 把最大限值改成 180
	16. 点击"编译机械装置"
	17. 点开下三角,点击"浮动"

续表

图　　示	说　　明
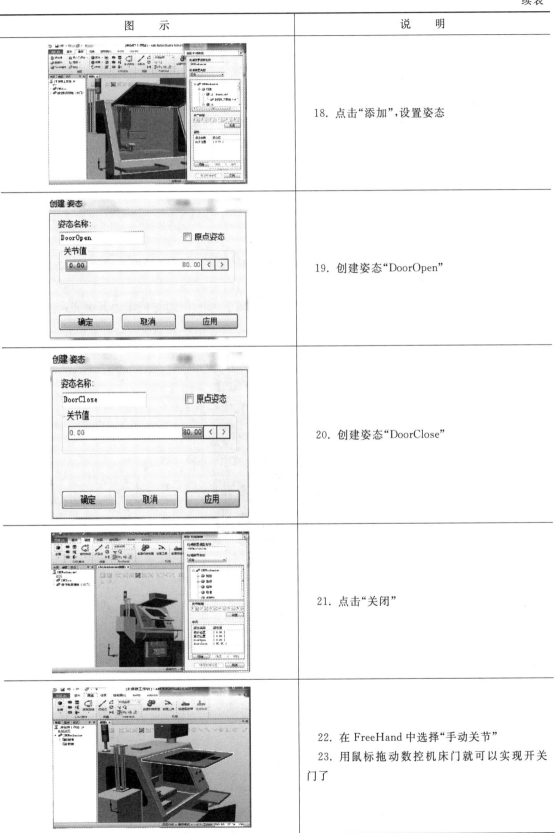	18. 点击"添加",设置姿态
	19. 创建姿态"DoorOpen"
	20. 创建姿态"DoorClose"
	21. 点击"关闭"
	22. 在 FreeHand 中选择"手动关节" 23. 用鼠标拖动数控机床门就可以实现开关门了

续表

图　示	说　明
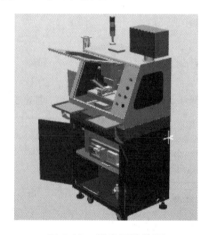	24．在数控机床门装置上单击右键，选择保存为库文件，以便在以后的其他工作站中调用

课后练习

解包任务包"CNCMechanism. rspag"，文件中的 CNC 机床柜门是打开的，如图 2-30 所示。请将柜门创建成机械装置，将柜门关上。

要求：①机械装置创建后，应用"手动关节"将机床门关闭，门边与机床边框对齐；

②创建两个姿态，"开门"姿态和"关门"姿态。

图 2-30　创建机械装置

实践 3
工作站系统创建

【学习目标】

※ 实践目标
- 学习工业机器人系统创建的方法。
- 学习怎样在 RobotStudio 中配置机器人系统参数。
- 学习 RobotStudio 的仿真控件 Smart 组件的功能和使用方法。
- 学习 Smart 组件系统设计思路。

※ 实践内容
- 工业机器人系统创建的方式和方法。
- RobotStudio 中配置机器人系统参数的方法。
- Smart 组件的常用基础组件的功能和参数设置。
- 应用 Smart 组件创建动态机床。
- 应用 Smart 组件创建动态吸盘。
- 应用 Smart 组件创建动态夹爪夹具。
- 应用 Smart 组件创建动态输送线。

※ 实践要求
- 掌握工业机器人系统创建的方法和特点。
- 掌握 RobotStudio 中配置机器人系统参数的方法。
- 掌握 Smart 组件的常用基础组件的功能和参数设置。
- 掌握常见的 Smart 组件系统的创建和调试方法。

◀ 3.1　工业机器人系统设计 ▶

当前市场上的 ABB 机器人用的都是 IRC5 控制器。IRC5 控制器包括硬件和软件。硬件包含所有的电子控制装置,比如主机、驱动模块和 FlexPendent(示教器)等。软件即 RobotWare 系统,运行操作机器人所需的所有软件。

RobotStudio 是基于 VirtualRobotTM Technology 的仿真软件,VirtualRobot 是现实机器人控制器的精确拷贝,能实现机器人程序和配置参数在机器人和电脑之间直接传输。所以在 RobotStudio 建立工作站进行离线编程和仿真之前,也需在工作站先创建系统,系统启动成功后,才可以进行参数配置、数据处理、编程等。

RobotWare 系统规定了要使用的机器人型号和 RobotWare 选项,还保存有机器人配置和程序。因此即使工作站之间拥有类似的设置,也推荐每个工作站拥有各自独立的系统。否则,当对一个工作站进行修改时,会意外修改另一工作站内的数据。当前,RobotWare 系统有 RobotWare 5 和 RobotWare 6 两种版本。

3.1.1　创建工业机器人系统

创建系统的方法有:①系统生成器创建系统;②从布局创建系统;③从备份创建系统。

1. 系统生成器创建系统

注意:在控制器选型卡的配置组中,有两种系统生成器,安装管理器和机器人系统生成器。

使用机器人系统生成器创建并修改基于 RobotWare 5.xx 的系统。使用安装管理器创建和修改 RobotWare 6.0 及更高版本。

下面以 RobotWare 6.0 为例说明用系统生成器生成系统的方法。

1）启动与设置

Step1：通过控制器选型卡的配置组中的安装管理器来启动安装管理应用程序。其界面如图 3-1 所示。

Step2：在安装管理器窗口，单击首选项。首选项窗口将打开。

图 3-1 安装管理器界面

Step3：浏览并在相应列表中选择产品路径、许可路径、虚拟系统路径和备份路径。用户名和密码框已经填入了随 RobotStudio 许可提供的默认凭据。这些凭据仅适用于真实控制器。

Step4：在默认系统名称框输入默认系统名称。当您创建新系统时，默认将分配此名称。

Step5：单击确定设置首选项。

2）构建新系统

Step1：在安装管理器窗口单击控制器，然后单击虚拟选项卡。

Step2：单击新建，新建窗格将会打开。

Step3：在新建窗格的名称框中输入新系统的名称。

Step4：单击下一步。产品选项卡会被选中。

Step5：单击添加，选择产品窗口将会打开。选择产品清单文件并单击确定。

如果系统添加更多产品（例如插件），请再次单击添加并选择产品。要找到列表中未列出的产品，请单击浏览然后从特定位置选择文件。

Step6：单击下一步。许可选项卡会被选中。

Step7：单击添加，选择许可窗口将会打开。选择许可文件并单击确定。

重复以上步骤可在系统中添加多个许可文件。

Step8：单击下一步，选项卡将会被选中。此窗格会显示系统选项、驱动模块和应用程序。您可以在这里自定义选项。

Step9：单击下一步，确认选项卡会被选中，并会显示系统选项概况。

Step10：单击应用，创建系统。

2. 从布局创建系统

Step1：在基本选型卡的建立工作站组中的机器人系统单击从布局创建以打开向导的第一页。

Step2：在名称框中输入系统名称。系统位置将显示在位置框中。

Step3：在 RobotWare 列表中选择要使用的 RobotWare 版本。

Step4：单击下一步。

Step5：在机械装置框中，选择您要添加至系统的机械装置。

Step6：单击下一步。

Step7：在系统选项界面的编辑窗口，点击选项，在此选择选项或取消选项来自定义选项。

Step8：单击完成，创建系统。

Step9：等待系统启动，系统启动成功无异常时，右下角的状态栏将显示绿色。

3. 从备份创建系统

Step1：在安装管理器窗口选择控制器，然后选择虚拟选项卡。可以在此查看所有虚拟系统的列表。

Step2：单击新建，新建窗格将会打开。

Step3：在名称框中输入系统名称，然后在新建来源下单击备份选项。

Step4：单击选择打开选择备份窗格，选择相应的备份系统，然后单击确定。如果正确的 RobotWare 已经存在，则会选中该版本。如果 RobotWare 不存在，单击替换选择 RobotWare。

Step5：单击下一步。产品选项卡会被选中。

Step6：单击下一步。许可选项卡会被选中。您可以在此查看备份系统的许可详情。

Step7：单击下一步。选项卡将会被选中，请在此选择选项或取消选项来自定义选项。

Step8：单击下一步，确认选项卡会被选中，并会显示系统选项概况。

Step9：单击应用，创建系统。

3.1.2 配置工业机器人 I/O 信号

工业机器人属于一种自动化设备，各种系统参数描述了机器人系统的配置，在机器人的实际应用过程中，出于工艺变化，需要编辑和修改系统参数。各个参数被编组为诸多不同的配置区域，即主题。这些主题则被划分为不同的参数类型。IRC5 控制器中有六个主题，如表 3-1 所示。

表 3-1　IRC5 控制器主题列表

主题	配置域	配置文件
Communication	串行通道与文件传输层协议	SIO.cfg
Controller	安全性与 RAPID 专用函数	SYS.cfg
I/O	I/O 板与信号	EIO.cfg
Man-machine communication	用于简化系统工作的函数	MMC.cfg
Motion	机器人与外轴	MOC.cfg
Process	工艺专用工具与设备	PROC.cfg

离线编程时,使用控制器选项卡下的配置编辑器进行系统参数的配置。在配置编辑器中可以查看或编辑控制器特定主题的系统参数,配置编辑器可以和控制器直接通信,也就是说在修改完成后可以将结果应用到控制器。

在配置编辑器中配置参数,参数的内容与在线编程是一样的,但其比后者更快捷,特别是建立的信号数目比较多的时候。

木文以 I/O 系统为例,说明怎样在配置编辑器中进行系统参数配置。

I/O System 包含了 I/O 装置与信号使用的各项参数。

配置编辑器包含类型名称列表和实例列表,如图 3-2 所示。

图 3-2 配置 I/O System 界面

在类型名称列表中显示所选主题的所有可用配置类型。类型的列表是静态的。该列表为静态列表,也就是说不能添加、删除或重命名类型。

在实例列表中显示了在类型名称中所选类型所有的参数。在列表中的每一行表示系统参数的一个实例。每列显示了特殊的参数和其在系统参数实例中的值。

按表 3-2 所示类型来组织相关参数:

表 3-2 按类型来组织相关参数

类 型	描 述
Access Level	定义了与机器人控制器相连的一类 I/O 控制客户端的 I/O 信号写入权限
Cross Connection	交叉连接为数字(DO、DI)或编组(GO、GI)的 I/O 信号间的一种逻辑连接,这种连接能让一个或若干个 I/O 信号自动影响到其他 I/O 信号的状态
Device Trust Level	定义了 I/O 装置在各种机器人控制器中的信任等级
Device Command	通过一个工业网络选项来定义具体工业网络所用 I/O 装置的命令
Device	包含 DEVICENET、以太网 IP、PROFINET 网、PROFIBUS 总线的 Device。装置是一套真实 I/O 装置的逻辑软件表现形式,而该真实装置则与控制器范围内的一套工业网络相连。I/O 装置能够控制各种电子装置和读取传感器数据,从而控制本机器人系统中的各种 I/O 信号
Internal Device	包含 DEVICENET、以太网 IP、PROFINET 网的内部装置。对内部从动装置和 anybus 工业网络选项而言,系统会在启动时创建一个预定义的 Internal Device

类　　型	描　　述
Industrial Network	工业网络是控制器内一套真实工业网络的逻辑软件表现形式
Signal Safe Level	定义逻辑输出信号在本机器人系统中的各种执行情况（比如系统启动、有权访问信号、无权访问信号以及系统关停等）下的行为
Signal	创建真实或仿真 I/O 信号的一种逻辑表现形式，并定义其参数
System Input	输入 I/O 信号可指定具体的系统输入项，比如 Start 或 Motors on。该输入项会在不使用 FlexPendant 示教器或其他硬件装置的情况下触发一项交由系统处理的系统行动。可以用一个 PLC 来触发相应的系统输入项
System Output	可为一项具体的系统行动指定输出 I/O 信号。当出现相应的系统行动时，系统便会在无用户输入项的情况下自动设置这些 I/O 信号。这些系统 I/O 信号既可以是数字信号，也可以是模拟信号

下面以一个数字输入信号为例，说明信号的建立。

例：在 DSQC652 板上，板名 board10，创建一个数字输入信号 di01PartAtPlace，地址分配 X4:8，访问权限 Default。创建方法如下。

1. 创建 I/O 板

在类型列表中点击 DeviceNet Device，右边列表进入 DeviceNet Device 创建界面，在空白界面内右击，弹出菜单"新建 DeviceNet Device"，在实例编辑器中使用来自模板的值，栏中选择 DSQC 652 24 VDC I/O Device。根据表 3-3 所示修改值，点击确定，I/O 板创建完毕。

表 3-3　I/O 板配置相关参数

参　　数	值	参　　数	值
Name	board10	Product Code	26
Connected to Industrial Network	DeviceNet	Device Type	7
State at System Restart	Activated	Production Inhibit Time	10
Trust Level	DefaultTrustLevel	Connection Type	Polled
Simulated	No	Poll Rate	1000
Recovery Time	5000	Connection Output Size	2
Identification Label	DSQC 652 24 VDC I/O Device	Connection Input Size	2
Address	63	Quick Connect	Deactivated
Vendor ID	75		

2. 创建 I/O 信号

在类型列表中点击 Signal，右边列表进入 Signal 创建界面，在界面内右击，弹出菜单，点击"新建 Signal"，在实例编辑器中根据表 3-4 所示修改值。点击确定，I/O 信号创建完毕。更改后重启机器人控制器，I/O 信号生效。

表 3-4　I/O 信号配置相关参数

参　　数	值
Name	di01PartAtPlace
Type of Signal	Digital Input
Assigned to device	board10
Signal Identification Label	X4：8
Category	
Access Level	Default
Default Value	0

◀ 3.2　Smart 组件系统设计 ▶

RobotStudio 作为一个仿真软件，模拟工业机器人在生产制造过程中的应用，除机器人同真实机器人一样，可以做关节运动、直线运动等，工作站中的用户导入的几何体，比如末端操作器、设备等，也可以制作动态效果，仿真工作站的工艺过程和工艺节拍。Smart 组件是 RobotStudio 创建的仿真控件，用来创建对象动作，设置动作的信号与属性，实现动画效果。

Smart 组件编辑器可以在图形用户界面创建、编辑和组合 Smart 组件。Smart 组件编辑器包含 4 个选项卡：组成选项卡、属性与连接选项卡、信号和连接选项卡、设计选项卡，如图 3-3 所示。

组成选型卡：添加组件的基础组件，构成完成复杂动作的 Smart 组件，分六大块：信号与属性、参数建模、传感器、动作、本体和其他。

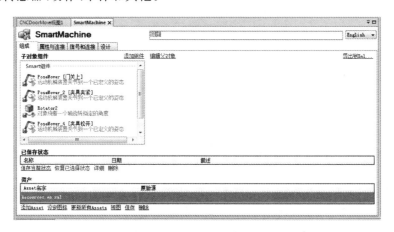

图 3-3　Smart 组件编辑器用户界面

（1）信号与属性：实现信号的逻辑运算、信号的锁定和复位、创建脉冲信号、数值的转换等功能，如图 3-4 所示。

（2）参数建模：参数化建模，生成长方体、圆柱、线段以及阵列等。如图 3-5 所示。

（3）传感器：创建线面传感器、碰撞监控传感器等。如图 3-6 所示。

（4）动作：实现对象安装或拆除，进行对象的拷贝和删除等。如图 3-7 所示。

图 3-4　信号与属性

图 3-5　参数建模

图 3-6　传感器

（5）本体：设置对象移动、旋转，控制机械装置运动。如图 3-8 所示。

（6）其他：创建队列进行组操纵、对象的比较、临时改变对象的颜色、开启/关闭机器人的 TCP 跟踪等功能。如图 3-9 所示。

图 3-7　动作

图 3-8　本体

图 3-9　其他

属性与连接选型卡：创建组件的动态属性和属性连接。

信号和连接选项卡：包含有 I/O 信号和 I/O 连接。I/O 信号指的是本工作站中自行创建的数值信号，用于与各个 Smart 子组件进行信号交互，也就是 Smart 组件的外部 I/O 信号。I/O 连接指的是设定创建的 I/O 信号与 Smart 子组件的信号连接关系，以及各 Smart 子组件之间的信号连接关系。

设计选项卡：显示组件结构的图形视图。包括子组件、内部连接、属性和绑定。

3.2.1　利用 Smart 组件创建动态机床

在 RobotStudio 中创建机床上下料工作站，机床开关门的动作对这个工作站的动画效果不但在动作上而且在节拍的规划上都起到关键的作用。

解包文件"CNCDoorMove_student. rspag"，工作站布局如图 3-10 所示。

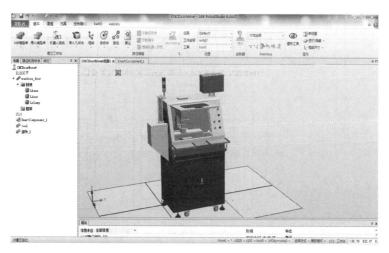

图 3-10　工作站布局示意图

仿照机床加工过程，创建如下动画：气缸夹紧工件，机床门关上，机床加工工件，夹具松开，机床门打开。如图 3-11 所示。

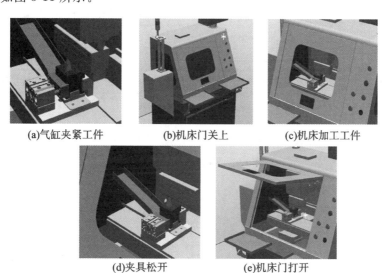

(a)气缸夹紧工件　　　　(b)机床门关上　　　　(c)机床加工工件

(d)夹具松开　　　　(e)机床门打开

图 3-11　机床仿真动作

1. Smart 组件设计分析

Smart 组件设计分析过程如图 3-12 所示。

2. 组件输入输出信号

组件输入输出信号如表 3-5 所示。

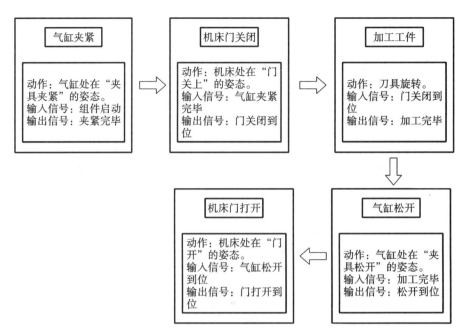

图 3-12　Smart 组件设计分析过程

表 3-5　组件输入输出信号

信 号 类 型	信 号 名 称	信 号 功 能
组件输入信号	diStart	Smart 组件启动
组件输出信号	doPartOK	机床门打开,机器人可以进入机床取料
	doDoorMoving	机床门正在动作
	doCNCWorking	机床正在加工工件
	doCylinderMoving	气缸夹具正在工作

3. 实现动作的基础组件

实现动作的基础组件如表 3-6 所示。

表 3-6　实现动作的基础组件

动　　作	基础组件
气缸夹紧	PoserMover
机床门关闭	PoserMover
加工工件	Rotator2
气缸松开	PoserMover
机床门打开	PoserMover

PoseMover 组件:PoseMover 为设定机械装置关节到一个已定义的姿态的组件,包含 Mechanism、Pose 和 Duration 等属性。当信号为 1 时,机械装置的关节移向给定姿态。达到给定姿态,Executed 输出脉冲信号 1。在 Smart 组件编辑器的组成选项卡中,点击添加组件,在弹出的菜单中,找到本体,把鼠标移至本体,出现下级菜单,在下级菜单中点击 PoseMover,弹出 PoseMover 属性窗口。PoseMover 属性窗口各参数介绍如表 3-7 所示。

表 3-7 PoseMover 属性说明

图 示		说 明	
	属性	Mechanism	指定要进行移动的机械装置
		Pose	指定要移动到的姿势的编号
		Duration	指定机械装置移动到指定姿态的时间
	输入信号	Execute	设为 1,开始或重新开始移动机械装置
		Pause	暂停动作
		Cancel	取消动作
	输出信号	Executing	在运动过程中为 1
		Paused	当暂停时为 1

Rotator2 组件:Rotator2 按 Speed 属性指定的旋转速度,Object 属性中的参考对象绕着一个轴旋转指定的角度。旋转轴通过 CenterPoint 和 Axis 进行定义。Execute 输入信号为 1 时开始运动,动作结束 Excuted 变为 1。在 Smart 组件编辑器的组成选项卡中,点击添加组件,在弹出的菜单中,找到本体,把鼠标移至本体,出现下级菜单,在下级菜单中点击 Rotator2,弹出 Rotator2 属性窗口。属性描述和参数设置如表 3-8 所示。

表 3-8 Rotator2 属性说明

图 示		说 明	
	属性	Object	指定要旋转的对象
		CenterPoint	指定旋转围绕的点
		Axis	指定旋转轴
		Angle	指定旋转角度
		Duration	指定旋转时间
		Reference	指定参考坐标系,Global Local 或 Object
	输入信号	Execute	将该信号设为 1 时开始旋转对象,设为 0 时停止
	输出信号	Executing	动作结束,输出 1

4. 创建 Smart 组件

1) 定义 Smart 组件

在建模选项卡中单击 Smart 组件,在建模的浏览器中出现组件 SmarComponet_1,单击鼠标右键将其命名为"SmartMachine"。

2) 设置机床门和机床夹具动作

在 Smart 组件编辑器中定义 4 个 PoseMover 基础组件,在建模的浏览器中右击 PoseMover 基础组件,将其重命名为"门关上""夹具夹紧""夹具松开""门开",并设置参数,参数设置如图 3-13~图 3-16 所示。

3) 设置刀具旋转

定义一个 Rotator2 基础组件,其参数设置如图 3-17 所示。

图 3-13　设置关门组件

图 3-14　设置夹具夹紧组件

图 3-15　设置夹具松开组件

图 3-16　设置开门组件

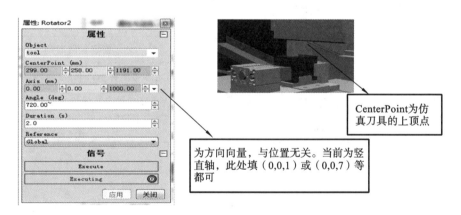

图 3-17　Rotator2 属性设置

4）创建信号与连接

为将各个动作按顺序连贯起来，需建立信号连接。首先创建组件的输入输出信号，比如要启动整个组件，需要一个输入信号；组件的整个动作仿真完成后，需告诉系统动作完毕，建立输出信号。在信号和连接选项卡中，点击添加 I/O Signals，弹出添加 I/O Signals 菜单，如图 3-18 所示，菜单介绍如表 3-9 所示。

图 3-18 I/O 信号窗口

表 3-9 I/O 信号参数设置

控 件	描 述
信号类型	指定信号的类型，有以下类型：数字信号、模拟信号、组信号
信号基本名称	指定信号名称。名称中需包含字母和数字并以字母开头（a~z 或 A~Z）
信号值	指定信号的原始值
描述	对于信号的描述。当创建多个信号时，所有信号使用同一描述
自动重设	指定该信号拥有瞬变行为。这仅适用于数字信号。表明信号值自动被重置为 0
信号数目	指定要创建的信号的数量
起始索引	当创建多个信号时指定第一个信号的后缀
步长	当创建多个信号时指定后缀的间隔
最小值	指定模拟信号的最小值
最大值	指定模拟信号的最大值
隐藏	选择属性在 GUI 的属性编辑器和 I/O 仿真器等窗口是否可见
只读	选择属性在 GUI 的属性编辑器和 I/O 仿真器窗口是否可编辑

在机床上下料工作站中信号和信号的连接建立如图 3-19 和图 3-20 所示。

I/O 信号

名称	信号类型	值
diStart	DigitalInput	0
doPartOK	DigitalOutput	0
doCNCWorking	DigitalOutput	0
doDoorMoving	DigitalOutput	0
doCylinderMoving	DigitalOutput	0

图 3-19 机床上下料 I/O 信号

最终整个 Smart 组件设计如图 3-21 所示。

5. 仿真调试

完成了 Smart 组件的设置，接着进行动作仿真调试。

Step1：在仿真功能选项卡中单击 I/O 仿真器。

I/O连接

源对象	源信号	目标对象	目标对象
SmartMachine	diStart	PoseMover [门关上]	Execute
PoseMover [门关上]	Executed	PoseMover_2 [夹具...	Execute
PoseMover_2 [夹具...	Executed	Rotator2	Execute
Rotator2	Executed	PoseMover_4 [夹...	Execute
PoseMover_4 [夹具...	Executed	PoseMover_5 [门开]	Execute
PoseMover_5 [门开]	Executed	SmartMachine	doPartOK
PoseMover [门关上]	Executing	SmartMachine	doDoorMoving
PoseMover_5 [门开]	Executing	SmartMachine	doDoorMoving
Rotator2	Executing	SmartMachine	doCNCWorking

图 3-20　机床上下料 I/O 信号连接

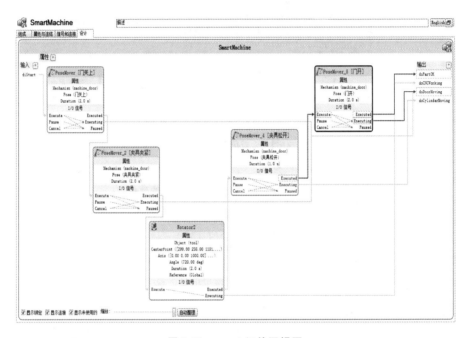

图 3-21　smart 组件逻辑图

Step2:在弹出窗口中,选择系统的下拉菜单点选 Smart 组件。

Step3:单击播放按钮。

Step4:单击输入信号 distart,观察机床动作。

3.2.2　利用 Smart 组件创建动态吸盘

吸附式末端操作器广泛用于生产中,本节介绍一个真空吸盘吸取和释放方块,说明 RobotStudio 的搬运仿真功能。解包文件"XiPanStudent. rspag",工作站布局如图 3-22 所示。本工作站仿真机械手臂移动到方块上方时,装在吸盘上的传感器感应到方块,吸盘吸气打开吸取方块,方块随机械手臂从放料托盘 1 移至放料托盘 2,吸盘关闭气源,方块与吸盘脱开,方块留在放料托盘 2 上,机器手臂移开,如图 3-23 所示。

1. Smart 组件设计分析

Smart 组件设计分析如图 3-24 所示。

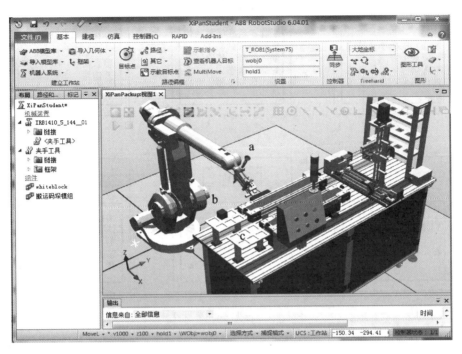

图 3-22　吸盘抓料工作站介绍

a—吸盘；b—方块；c—放料托盘

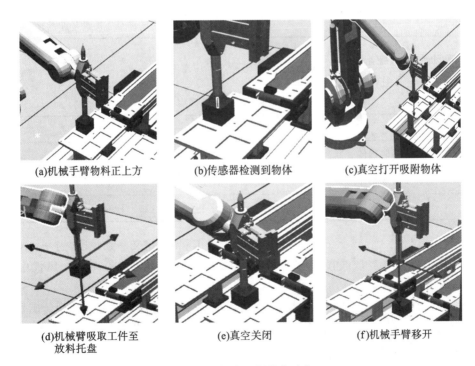

(a)机械手臂物料正上方　　(b)传感器检测到物体　　(c)真空打开吸附物体

(d)机械臂吸取工件至　　　(e)真空关闭　　　　　(f)机械手臂移开
　　放料托盘

图 3-23　吸盘吸料仿真动作

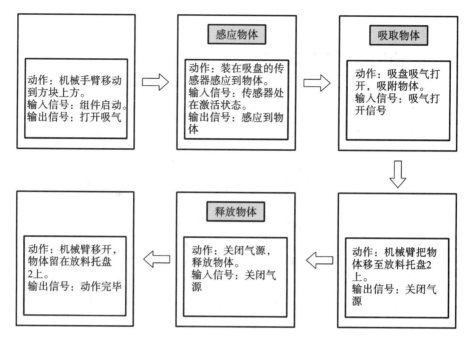

图 3-24 Smart 组件设计分析

2. 组件输入输出信号

组件输入输出信号如表 3-10 所示。

表 3-10   组件输入输出信号

信 号 类 型	信 号 名 称	信 号 功 能
组件输入信号	diPickup	打开吸气
	diPickoff	关闭气源

3. 实现动作的基础组件

实现动作的基础组件如表 3-11 所示。

表 3-11   实现动作的基础组件

动 作	基 础 组 件
感应物体	LineSensor
吸取物体	Attacher
释放物体	Detacher

LineSensor 组件：LineSensor 根据 Start、End 和 Radius 定义一条线段,当 Active 信号为 High 时,传感器将检测与该线段相交的对象,相交的对象显示在 SensePart 属性中,并设置 SensorOut 输出信号。

在 Smart 组件编辑器的组成选项卡中,点击添加组件,在弹出的菜单中找到传感器,把鼠标移至传感器,出现下级菜单,在下级菜单中点击 LineSensor,弹出 LineSensor 属性窗口,如图 3-25所示,各参数含义如表 3-12 所示。

表 3-12 LineSensor 属性设置说明

属性	Start	指定起始点
	End	指定结束点
	Radius	指定半径
	SensedPart	指定与 LineSensor 相交的部件,如果有多个部件相交,则列出距起始点最近的件
	SensedPoint	指定相交对象上的点,距离起始点最近
输入信号	Active	指定 LineSensor 是否激活
输出信号	SensorOut	当 Sensor 与某一对象相交时为 True

Attacher 组件:Attacher 在 Execute 为信号 1 时,将 Child 安装到 Parent 上。如果 Parent 为机械装置,还必须指定要安装的 Flange。如果选中 Mount,还会使用指定的 Offset 和 Orientation 将子对象装配到父对象上。完成时,将设置 Executed 输出信号。

在 Smart 组件编辑器的组成选项卡中,点击添加组件,在弹出的菜单中找到动作,把鼠标移至动作,出现下级菜单,在下级菜单中点击 Attacher,弹出 Attacher 属性窗口,如图 3-26 所示,各参数含义如表 3-13 所示。

图 3-25 LineSensor 属性设置   图 3-26 Attacher 属性设置

表 3-13 Attacher 属性设置说明

属性	Parent	指定子对象要安装在哪个对象上
	Flange	指定要安装在机械装置的哪个法兰上(编号)
	Child	指定要安装的对象
	Mount	如果为 True,子对象装配在父对象上
	Offset	当使用 Mount 时,指定相对于父对象的位置
	Orientation	当使用 Mount 时,指定相对于父对象的方向
输入信号	Execute	设为 True 进行安装

Detacher 组件:Detacher 在设置 Execute 信号为 1 时,会将 Child 从其所安装的父对象上拆除。如果选中了 Keep position,位置将保持不变。否则相对于其父对象放置子对象的位置。完成时,将设置 Executed 信号。

在 Smart 组件编辑器的组成选项卡,点击添加组件,在弹出的菜单,找到动作,把鼠标移至动作,出现下级菜单,在下级菜单点击 Detacher,弹出 Detacher 属性窗口,如图 3-27 所示,各参数含义如表 3-14 所示。

图 3-27　Detacher 属性设置

表 3-14　Detacher 属性设置

属性	Child	指定要拆除的对象
	KeepPosition	如果为 False,被安装的对象将返回其原始的位置
Signals	Execute	设该信号为 True 移除安装的物体

4. 创建 Smart 组件

下面为创建搬运效果的 Smart 组件的步骤。为了方便创建 Smart 组件,先将吸盘夹具调到如图 3-28 所示的姿态,吸盘与地面垂直。

(1) 在建模选项卡中单击 Smart 组件,在建模的浏览器中创建 SmarComponet_1,单击鼠标右键将其命名"SmartXiPan"。

(2) 在布局浏览器中点击"夹手工具",右击,在弹出的菜单栏中单击拆除,如图 3-29 所示。在弹出"更新位置"的窗口,单击"否",保持当前夹手工具的位置。

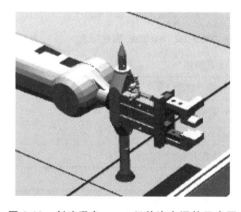

图 3-28　创建吸盘 smart 组件姿态调整示意图

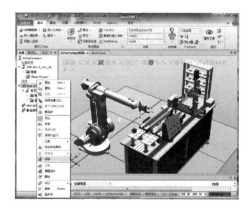

图 3-29　工具拆除

(3) 在布局浏览器中,用左键点住夹手工具,拖放到前面创建的 Smart 组件中。在 Smart 组件编辑器中的组成选项卡中,单击夹手工具,再右击,在弹出窗口勾选"设定为 Role"(将夹手工具设定为"Role"的属性,可以让 Smart 组件获得工具的属性)。

(4) 创建传感器。创建一个基础组件 LineSensor。在图 3-30 所示窗口点击吸盘中心点作为线传感器的起点,如图 3-31 所示,设定 LineSensor 竖直安装,它的结束点直接在起始点的基础上修改 Z 值即可。输入半径 2,点击应用。基础组件 LineSensor 创建完毕。

图 3-30 LineSensor 属性窗口

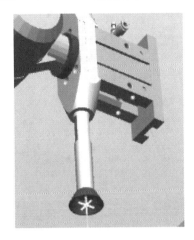

图 3-31 线传感器起点

(5) 将 SmartXiPan 组件安装到机器人中,如图 3-32 所示,在弹出的"更新位置"窗口点击"否",在接下来弹出的"Tooldate 已存在"窗口点击"是"。

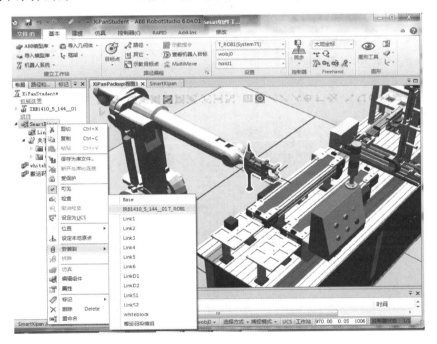

图 3-32 将 SmartXiPan 组件安装到机器人中

(6) 设定拾取动作,创建子组件"Attacher"和"Detacher",其参数设置窗口如图 3-33 和图 3-34所示。

(7) 创建属性连接。

在 Smart 组件编辑器的设计选项卡中,将鼠标放置在"LineSensor"的"SensePart()"上,鼠标变成笔的图形,左击鼠标不放,移动到"Attacher"的"Child()"处。这样把传感器检测到的物体关联到了子组件"Attacher"。接着连接"Attacher"的"Child()"和"Detacher"的"Child()"。如图 3-35 所示。

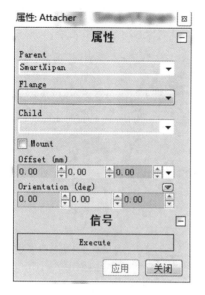

图 3-33 Attacher 参数设置

图 3-34 Detacher 参数设置

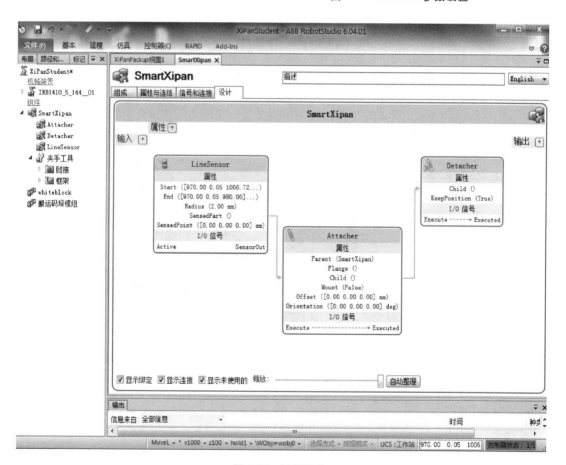

图 3-35 属性连接

在 Smart 组件编辑器的属性与连接选项卡中可以看到连接关系,如图 3-36 所示。

(8) 创建信号与连接。

在 Smart 组件编辑器的信号和连接选项卡中,添加两个数字输入信号"diPickup"

属性连结

源对象	源属性	目标对象	目标属性
LineSensor	SensedPart	Attacher	Child
Attacher	Child	Detacher	Child

添加连结　添加表达式连结　编辑　删除

图 3-36　属性连接关系

"diPickoff",如图 3-37 所示,用"diPickup"激活"Attacher"动作,用"diPickoff"激活"Detacher"动作。在 Smart 组件编辑器的设计选项卡中,拖动鼠标进行信号关联,如图 3-38 所示。在 Smart 组件编辑器的信号与连接选项卡中可以看到连接关系,如图 3-39 所示。

I/O 信号

名称	信号类型	值
diPickup	DigitalInput	0
diPickoff	DigitalInput	0

添加I/O Signals　展开子对象信号　编辑　删除

图 3-37　数字输入信号

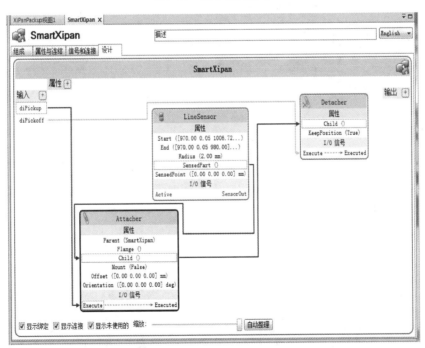

图 3-38　吸盘 Smart 组件设计

(9) Smart 组件仿真调试。

在基本选项卡中点选"手动线性",拖动机器人,吸盘移至方块正上方,如图 3-40 所示。打开仿真选项卡中的"I/O 仿真器",点击"仿真",把 Smart 组件的信号打开,并把子组件

I/O连接

源对象	源信号	目标对象	目标对象
SmartXipan	diPickup	Attacher	Execute
SmartXipan	diPickoff	Detacher	Execute

添加I/O Connection　　编辑　　管理 I/O Connections　　删除　　　　　　　上移　下移

图 3-39　吸盘 Smart 组件 I/O 连接

"LineSensor"属性窗口打开,确认传感器感应到了方块,如图 3-41 所示。点击"diPickup",拖动机器人,可以看到方块已随吸盘一起移动。移动机器人将方块放入物料托盘 2 中,点击"diPickoff",吸盘释放方块,再移走机器人,仿真完毕。

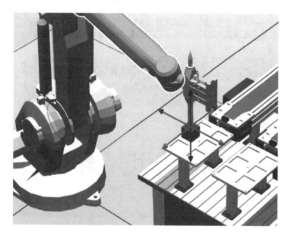

图 3-40　吸盘移至方块正上方

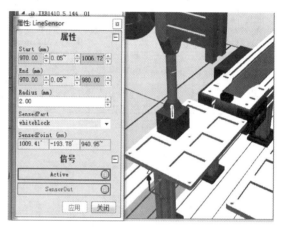

图 3-41　确认传感器感应到了方块

课后练习

解包"XipanExercise.rspag",工作站有 IRB1410、桌子、放在桌面的玻璃和放在地面的带四个吸盘的工具,如图 3-42 所示。将部件"FTool"创建成工具,如图 3-43 所示安装到机器人法兰盘上,然后用工具将桌面玻璃吸取,并将玻璃移至桌子的另一边。

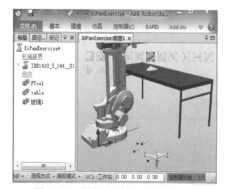

图 3-42　解包文件工作站示意图

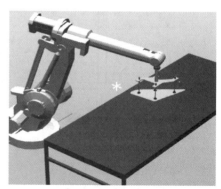

图 3-43　机器人移玻璃

3.2.3 利用 Smart 组件创建动态夹爪夹具

除了吸附式末端操作器,夹钳式末端操作器也是常见的一类。这一节将学习仿真夹钳式末端操作器搬运物品。

它与吸附式末端操作器的仿真最大的差别在于需设置夹爪的开合,应用前述章节所学的将夹爪设置成一个具有机械装置特性的工具,和 Smart 基础组件"JointMover"(运动机械装置的关节)一起驱动关节运动,在夹爪与物体接触的面上设置一个子组件"PlaneSensor"(面传感器),当面传感器触碰到物体,关节停止动作,应用子组件"Attacher"和"Detacher"拾取和释放物体。"Attacher"拾取物体后,告诉外部系统,夹爪已抓取成功,并将信号锁定。

解包文件"JiaZhua_Student.rspag",工作站与前一节的相同,如图 3-44 所示。

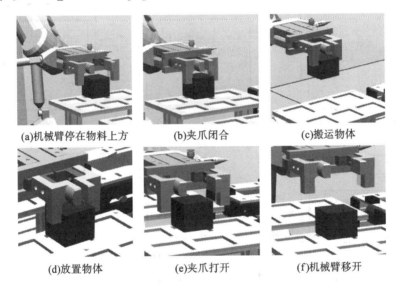

(a)机械臂停在物料上方　　(b)夹爪闭合　　(c)搬运物体

(d)放置物体　　(e)夹爪打开　　(f)机械臂移开

图 3-44　夹爪抓料仿真动作

1. Smart 组件设计分析

Smart 组件设计分析如图 3-45 所示。

2. 组件输入输出信号

组件输入输出信号如表 3-15 所示。

表 3-15　组件输入输出信号

信 号 类 型	信 号 名 称	信 号 功 能
组件输入信号	diPickup	打开吸气
	diPickoff	关闭气源
组件输出信号	doPartOk	抓取物体到位

3. 实现动作的基础组件

实现动作的基础组件如表 3-16 所示。

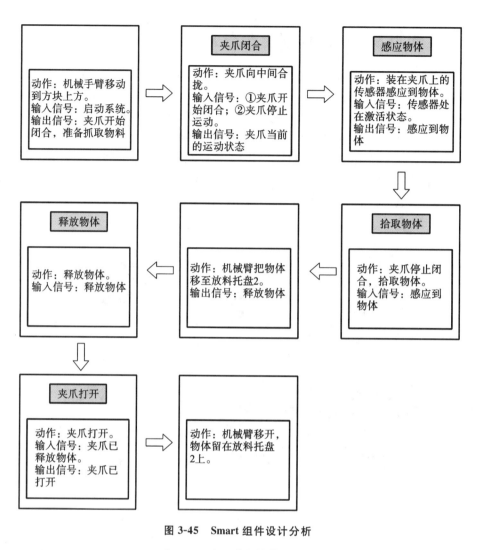

图 3-45 Smart 组件设计分析

表 3-16 实现动作的基础组件

动　　作	基础组件
夹爪闭合	JointMover
夹爪打开	JointMover
感应物体	PlaneSensor
拾取物体	Attacher
释放物体	Detacher

JointMover 组件：JointMover 包含机械装置、一组关节值和执行时间等属性。当设置 Execute 信号时，机械装置的关节向给定的位姿移动。当达到位姿时，将设置 Executed 输出信号。使用 GetCurrent 信号可以重新找回机械装置当前的关节值。对话框及参数表 3-17 所示。

表 3-17　Smart 组件属性设置说明

图　　　示			说　　　明
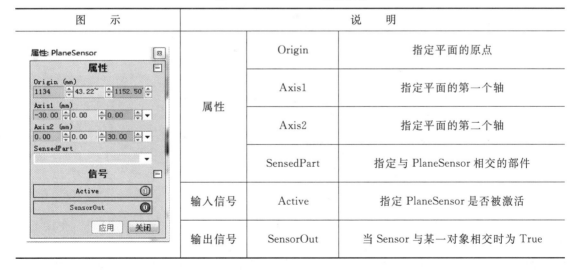	属性	Mechanism	指定要进行移动的机械装置
		Relative	指定 J1-Jx 是否是起始位置的相对值,而非绝对关节值
		Duration	指定机械装置移动到指定姿态的时间
		J1～Jx	关节值
	输入信号	GetCurrent	重新找回当前关节值
		Execute	设为 True,开始或重新开始移动机械装置
		Pause	暂停动作
		Cancel	取消运动
	输出信号	Executing	在运动过程中为 High
		Paused	当暂停时为 High

PlaneSensor 组件:PlaneSensor 通过 Origin、Axis1 和 Axis2 定义平面。设置 Active 输入信号 1 时,传感器会检测与平面相交的对象。相交的对象将显示在 SensedPart 属性中。出现相交时,将设置 SensorOut 输出信号。

在 Smart 组件编辑器的组成选项卡中,点击添加组件,在弹出的菜单中找到传感器,把鼠标移至传感器,出现下级菜单,在下级菜单中点击 PlaneSensor,弹出 PlaneSensor 属性窗口,各参数含义如表 3-18 所示。

表 3-18　PlaneSensor 功能说明

图　　　示			说　　　明
	属性	Origin	指定平面的原点
		Axis1	指定平面的第一个轴
		Axis2	指定平面的第二个轴
		SensedPart	指定与 PlaneSensor 相交的部件
	输入信号	Active	指定 PlaneSensor 是否被激活
	输出信号	SensorOut	当 Sensor 与某一对象相交时为 True

4. 创建 Smart 组件

为了方便设置组件,将机器人摆至如图 3-46 所示姿态,夹爪水平。

下面为创建夹爪搬运的 Smart 组件的步骤。

(1)在建模选项卡中单击 Smart 组件,在建模的浏览器中构建 SmarComponet_1,单击鼠标

图 3-46　机器人姿态调整

右键将其命名为"SmartJiaZhua"。

（2）在布局浏览器中点击"夹手工具"，右击，在弹出的菜单栏中单击拆除，在弹出"更新位置"的窗口，单击"否"，保持当前夹手工具的位置。

（3）在布局浏览器中，用左键点住夹手工具，拖放到前面创建的 Smart 件中。在 Smart 组件编辑器中的组成选项卡中，单击夹手工具，再右击，在弹出窗口勾选"设定为 Role"。

（4）创建感应物品的传感器。使用的子组件为 PlaneSensor。在 PlaneSensor 属性窗口设置夹爪顶点为 Origin 点，如图 3-47 所示，轴 1、轴 2 方向参数设置如图 3-47 所示，点击应用。子组件 PlaneSensor 创建完毕。

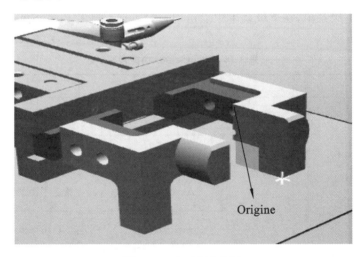

Origine

图 3-47　夹爪顶点设置

（5）将 SmartJiaZhua 组件安装到机器人中，在弹出的"更新位置"窗口点击"否"，在接下来弹出的"Tooldate 已存在"窗口点击"是"。

（6）将 PlaneSensor 安装到夹手工具的链接 L3 上，这样面传感器就可以随夹爪一起移动。

（7）设置夹爪的开合动作，应用组件 JointMover，设置两个 JointMover 组件，分别命名为"夹爪闭合""夹爪打开"。设置如图 3-48 所示。

（8）设定拾取动作。

用基础组件"Attacher"和"Detacher"仿真拾取和释放物体动作。Attacher 参数设置如图

(a)夹爪闭合参数设置   (b)夹爪打开参数设置   (c)Attacher参数设置

图 3-48　Smart 参数设置

3-48(c)所示。

（9）创建属性连接。

在 Smart 组件编辑器的设计选项卡中，将"PlanerSensor"的"SensePart()"与"Attacher"的"Child()"关联。"Attacher"的"Child()"和"Detacher"的"Child()"关联，属性设置如图 3-49 所示。

属性连接

源对象	源属性	目标对象	目标属性
PlaneSensor	SensedPart	Attacher	Child
Attacher	Child	Detacher	Child

添加连接　添加表达式连接　编辑　删除

图 3-49　创建属性连接

（10）创建信号与连接

在 Smart 组件编辑器的信号和连接选项卡中，添加两个数字输入信号"diPickup""diPickoff"和一个数字输出信号"doPartOK"，如图 3-50 所示。

I/O 信号

名称	信号类型	值
diPickUp	DigitalInput	1
diPickOff	DigitalInput	1
doPartOK	DigitalOutput	0

添加I/O Signals　展开子对象信号　编辑　删除

图 3-50　I/O 信号设置

用"diPickup"激活"夹爪闭合"动作，用"diPickoff"激活"夹爪打开"动作。在 Smart 组件编辑器的设计选项卡中，拖动鼠标进行信号关联，如图 3-51 所示。在 Smart 组件编辑器的信号与连接选项卡中可以看到连接关系。

（11）创建一个空机器人程序。

（12）Smart 组件仿真调试。

在基本选项卡中点选"手动线性"，拖动机器人使夹爪移至方块正上方。确认夹爪是打开状态。打开仿真选项卡中的"I/O仿真器"，点击"仿真"，点击"diPickup"，夹爪闭合，当传感器碰到

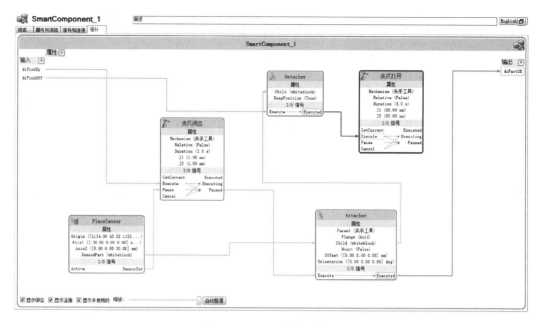

图 3-51　Smart 组件逻辑图

方块,夹爪停止动作,拖动机器人,可以看到方块已随夹爪一起移动。移动机器人将方块放入物料托盘 2,点击"diPickoff",夹爪释放方块,再移走机器人,仿真完毕。

课后练习

有一圆柱体,外径 52 mm,内径 46 mm,高 30 mm,应用本节实例的末端操作器的前端部分,采用内撑的方法,将圆柱体拾起,从一个托盘放至另一个托盘,如图 3-52 所示。

图 3-52　机器人搬运圆柱体操作练习示意图

3.2.4　利用 Smart 组件创建动态输送线

输送线把产品从一个工位输送到另一个工位,这是自动化线中必不可少的一个环节。Smart 组件输送链动态效果包含:输送线前段自动生成产品、产品随输送线向前运动、产品到达输送线末端停止运动、产品被队列剔除后输送线前段再次生成产品,依次循环,如图 3-53 所示。

1. Smart 组件设计分析

Smart 组件设计分析如图 3-54 所示。

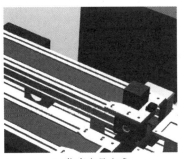

(a)仿真产品生成

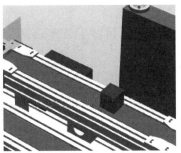

(b)产品随输送线向前运动

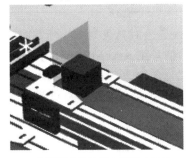

(c)产品到达输送线末端停止运动

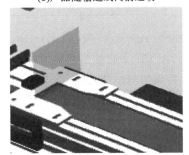

(d)仿真产品被移走

图 3-53 吸盘抓料仿真动作

生成产品

动作：输送线前段自动生成产品。
输入信号：启动系统。
输出信号：产品已生成

输送产品

动作：产品随输送线向前运动。
输入信号：程序启动

感应产品

动作：输送线末端的传感器感应到物体。
输入信号：传感器处在激活状态。
输出信号：感应到物体

移除物体

动作：产品被移走。
输入信号：感应到物体。
输出信号：产品被移走

图 3-54 Smart 组件设计分析

2. 组件输入输出信号

组件输入输出信号如表 3-19 所示。

表 3-19 组件输入输出信号

信 号 类 型	信 号 名 称	信 号 功 能
组件输入信号	diStart	启动系统

3. 实现动作的基础组件

实现动作的基础组件如表 3-20 所示。

表 3-20　实现动作的基础组件

动　　作	基　础　组　件
生成产品	Source
输送产品	LinearMover
感应产品	PlaneSensor
移除物体	Sink

Source 组件:Source 表示在收到 Execute 输入信号时拷贝对象。所拷贝对象的父对象由 Parent 属性定义,而 Copy 属性为拷贝对象。输出信号 Executed 表示拷贝已完成。

在 Smart 组件编辑器的组成选项卡中,点击添加组件,在弹出的菜单中找到动作,把鼠标移至动作,出现下级菜单,在下级菜单中点击 Source,弹出 Source 属性窗口,各参数含义如表 3-21 所示。

表 3-21　Source 功能说明

图　　示	说　　明		
	属性	Source	指定要复制的对象
		Copy	指定拷贝
		Parent	指定要拷贝的父对象
		Position	指定拷贝相对于其父对象的位置
		Orientation	指定拷贝相对于其父对象的方向
		Transient	如果在仿真时创建了拷贝,将其标识为瞬时的
	输入信号	Execute	设该信号为 True 创建对象的拷贝
	输出信号	Executed	当完成时发出脉冲

在 Smart 组件编辑器的组成选项卡中,点击添加组件,在弹出的菜单中找到动作,把鼠标移至动作,出现下级菜单,在下级菜单点击 Sink,弹出 Sink 属性窗口,如表 3-22 所示。

表 3-22　Sink 功能说明

图　　示	说　　明		
	属性	Object	指定要移除的对象
	输入信号	Execute	设该信号为 True 移除对象
	输出信号	Executed	当完成时发出脉冲

LinearMover 组件:LinearMover 会按 Speed 属性指定的速度,沿 Direction 属性中指定的

方向,移动 Object 属性中参考的对象。设置 Execute 信号时开始移动,重设 Execute 时停止。

在 Smart 组件编辑器的组成选项卡中,点击添加组件,在弹出的菜单中找到动作,把鼠标移至动作,出现下级菜单,在下级菜单中点击 LinearMover,弹出 LinearMover 属性窗口,如表3-23所示。

表 3-23　LinearMover 组件属性设置及说明

图　　示		说　　明	
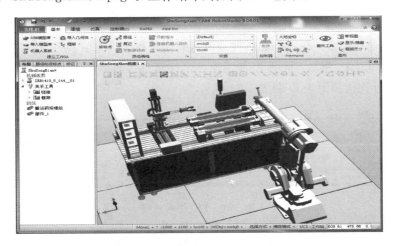	属性	Object	指定要移动的对象
		Direction	指定要移动对象的方向
		Speed	指定移动速度
		Reference	指定参考坐标系。可以是 Global、Local 或 Object
	输入信号	Execute	将该信号设为 True 开始旋转对象,设为 False 时停止

4. 创建 Smart 组件

解包文件"ShuSongXian. rspag"。工作站布局如图 3-55 所示。

图 3-55　输送线工作站布局示意图

下面为创建输送线的 Smart 组件的步骤。

(1) 在建模选项卡中单击 Smart 组件,在建模的浏览器中创建 SmarComponet_1,单击鼠标右键将其命名为"SmartShuSongXian"。

(2) 创建子组件 Source,生成产品。添加基础组件 Source,在 Source 属性窗口,点选需要移动的产品,比如在本工作站的"部件_1",单击应用。基础组件 Source 创建完毕。

(3) 创建仿真产品作直线运动。添加基础组件 LinearMover。在 LinearMover 属性窗口的属性 Direction 中输入(0,100,0,Speed 为 300 mm/s,如图 3-56 所示,单击应用。基础组件 LinearMover 创建完毕。

(4) 创建感应物品的传感器,如图 3-57 所示。添加基础组件 PlaneSensor。PlaneSensor 的位置和参数设置如图 3-58 所示。

(5) 创建删除物体的动作,使用 Sink 基础组件。添加基础组件 Sink,对象暂不设置。

(6) 创建属性连接。在 Smart 组件编辑器的设计选项卡中,将"Source"的"Copy()"与

图 3-56　LinearMover 属性设置

图 3-57　面传感器

图 3-58　PlaneSensor 属性设置

"LinearMover"的"Object（）"关联。"PlaneSensor"的"SensePart（）"和"Sink"的"Child（）"关联。
如图 3-59 所示。

图 3-59　属性连接

（7）创建信号与连接。在 Smart 组件编辑器的信号和连接选项卡中，添加一个数字输入信号"diStart"，用"diStart"激活 Smart 组件。在 Smart 组件编辑器的设计选项卡中，拖动鼠标进行信号关联，信号连接如图 3-60 和图 3-61 所示。

源对象	源信号	目标对象	目标对象
SmartComponent_1	diStart	Source	Execute
PlaneSensor	SensorOut	Sink	Execute
Sink	Executed	Source	Execute
SmartComponent_1	diStart	LinearMover	Execute

图 3-60　I/O 信号连接

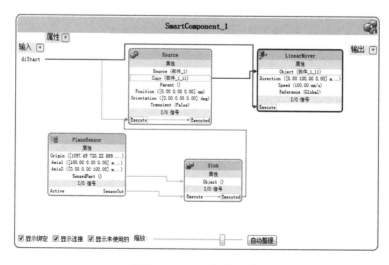

图 3-61　Smart 组件设计

（8）创建一个空机器人程序。

（9）Smart 组件仿真调试。打开仿真选项卡中的"I/O 仿真器"，点击"仿真"，点击"diStart"，产生一个产品，沿着输送线移动，当方块碰到传感器，方块停止运动并消失，在输送线的另一端，再次出现产品，如此循环。

课后练习

解包文件"ShuSongXian. rspag"，应用本节工作站进行输送线输送物体的动态仿真，要求：当取料位置的产品没被取走时，后续的产品必须在等待位置停下来。如图 3-62 所示。

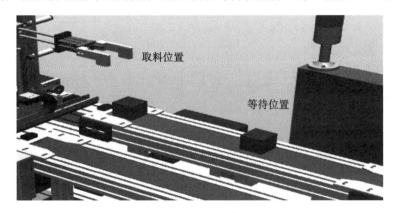

图 3-62　输送线输送物体示意图

工业机器人运动轨迹

【学习目标】

※ 实践目标

- 学习工业机器人运动环境的配置：工具坐标和工件坐标的建立。
- 学习 RobotStudio 中手动操作的方法。
- 学习 RobotStudio 中进行目标点示教的方法。
- 学习自动轨迹的生成。

※ 实践内容

- 创建工件坐标。
- 创建工具数据。
- 手动操作工业机器人。
- 示教目标点。
- 自动生成轨迹。
- 离线轨迹编程的关键点。

※ 实践要求

- 掌握在 RobotStudio 中工具坐标和工件坐标的建立方法。
- 掌握 RobotStudio 中手动操作工业机器人的方法。
- 掌握自动生成轨迹的方法。
- 理解自动生成轨迹的注意事项。

◀ 4.1 运动环境建立 ▶

在进行机器人工作站编程和仿真前，需要把工作站的运动环境配置好，创建工件坐标、工具坐标。工件坐标系通常表示实际工件的坐标，它由两个坐标系组成：用户框架和对象框架，其中，后者是前者的子框架。对机器人进行编程时，所有目标点（位置）都与工作对象的对象框架相关。如果未指定其他工作对象，目标点将与默认的 Wobj0 关联，Wobj0 始终与机器人的基坐标保持一致。

如果工件的位置已发生更改，可利用工件坐标轻松地调整发生偏移的机器人程序。因此，工件坐标可用于校准离线程序。如果固定装置或工件的位置相对于实际工作站中的机器人与离线工作站中的位置无法完全匹配，则只需调整工件坐标的位置即可。

在图 4-1 中，灰色的坐标系为大地坐标系，黑色部分为工件框和工件的用户框。这里的用户框定位在工作台或固定装置上，工件框定位在工件上。

4.1.1 创建工件坐标

(1) 在 Home(基本)选项卡的 Path Programming(路径编程)组中，单击 Other(其他)，然后单击 Create Workobject(创建工作对象)，将显示 Create Workobject(创建工作对象)对话框。

(2) 在其他数据组中，输入新工件坐标的值。

(3) 在用户坐标框架组中，执行下列操作之一：

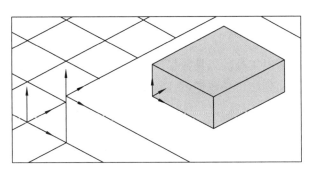

图 4-1　工件坐标系

①在值框中单击,为工作对象输入位置 X、Y、Z 和旋转度 rx、ry、rz 的值,以设置用户框架的位置。

②使用取点创建框架,确定用户坐标框架。

(4) 在工件框坐标架组内,执行下列操作之一重新定义工件框架相对于用户框架的位置:

①单击 Values 框,在位置 X、Y、Z 框中输入值以确定工件坐标框架的位置。

②单击 Values 框,在旋转 rx、ry、rz 框中,选择 RPY(EulerZYX)或四元数,然后输入旋转值。

③使用取点创建框架,确定工件坐标。

(5) 在同步属性组中,为新的工件坐标输入相应的值。

(6) 单击创建。新工件坐标将被创建并显示在路径和目标点浏览器中,在机器人工件坐标 & 目标点选项下也可以查看新建的工件坐标系。

在取点创建框架中有位置和三点两种取点方式,两者区别如下。

位置取点:需三个点,即原点、X 轴上一点和 XY 平面上一点。

三点取点:在对象的平面上,定义三个点,分别是 X 轴上的两点 X_1 和 X_2,Y 轴上的一点 Y_1,原点在过点 Y_1 作 X_1、X_2 连线的垂线的垂点处,如图 4-2 所示。

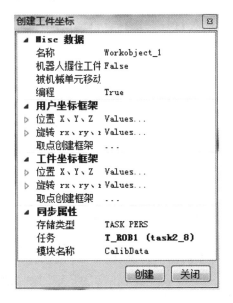
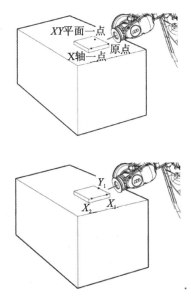

图 4-2　工件坐标系的创建

4.1.2 创建工具数据

要仿真机器人工具,需要工具的工具数据。如果导入预定义的工具,或使用创建工具向导创建几何体工具,将会自动创建工具数据;否则,必须自行创建工具数据。

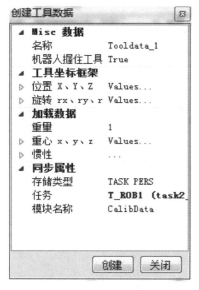

图 4-3 创建工具数据

工具数据可以简化与工具有关的编程工作。通过为各种工具单独定义工具数据集,可以使用不同工具运行同一个机器人程序:只需定义新的工具数据即可。

创建方法如下:

Step1:在布局浏览器中,确保要创建工具数据的机器人已设置为活动任务。

Step2:在基本选项卡的路径编程组中,单击其他,然后单击工具数据。将打开创建工具数据对话框,如图 4-3 所示。

Step3:在 Misc 数据组内输入工具名称。在机器人握住工具列表中,选择工具是否由机器人握住。

Step4:在工具坐标框架组中定义工具的位置 X、Y、Z。定义工具的旋转度 rx、ry、rz。

Step5:在加载数据组内输入工具重量,输入工具重心,输入工具惯性。

Step6:在同步属性组内,在存储类型列表中,选择 PERS 或 TASK PERS。若想在 MultiMove 模式下使用该工具数据,则选择 TASK PERS。在模块名称列表中,选择要声明工具数据的模块。

Step7:单击创建。工具数据在图形窗口中显示为坐标系。

◀ 4.2 工业机器人的手动操作 ▶

在 RobotStudio 中提供了很方便的工具拖动机器人手运动达到所需要的位置,在 Freehand 模式下使用鼠标或使用微动控制对话框对机器人的 TCP 或关节进行微控制。在 Freehand 模式下有三种方式:手动关节、手动线性和手动重定位。

4.2.1 Freehand 模式

1. 手动控制机器人关节

(1) 在布局浏览器中选择想要移动的机器人。

(2) 单击 Freehand 组中的"手动关节"。

(3) 在窗口单击想要移动的"关节"并将其拖至所需的位置,如图 4-4 所示。

按住 ALT 键同时拖拽机器人关节,机器人每次移动 10 度。按住 F 键同时拖拽机器人关节,机器人每次移动 0.1 度。

2. 手动线性机器人 TCP

启动虚拟控制器后,就可以手动线性拖动机器人 TCP。

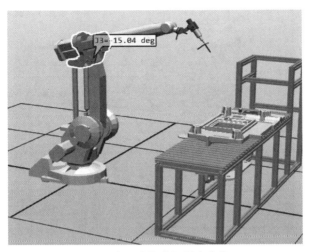

图 4-4 手动拖动机器人关节

（1）在布局浏览器中选择想要移动的机器人。

（2）在 Freehand 组中，点击"手动线性"，一个坐标系将显示在机器人 TCP 处，如图 4-5 所示。

（3）在窗口中拖动坐标系坐标轴可移动关节。

注：如果按住 F 键同时拖拽机器人，机器人将以较小步幅移动。

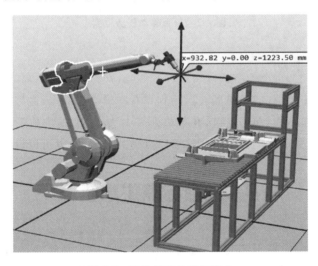

图 4-5 手动线性拖动机器人

3. 重定位 TCP 旋转

（1）在布局浏览器中，选择要重定位的机器人。

（2）在 Freehand 组中，点击 Jog Reorient（微动控制重定向）。TCP 周围将显示一个定位环，如图 4-6 所示。

（3）单击该定位环，然后拖动机器人以将 TCP 旋转至所需的位置。

注：对不同的参考坐标系（大地、本地、UCS、活动工件、活动工具），定向行为也有所差异。

（4）手动移动机器人。如果在建立工业机器人系统后，发现机器人的摆放位置并不合适，还需要调整的话，就要在移动机器人的位置后重新确定机器人在整个工作站中的坐标位置。在 FreeHand 工具栏中选择移动或旋转，在布局中选择机器人，此时会在机器人的基坐标出现移动箭头，拖动箭头到合适的位置，松开鼠标后会弹出窗口问"是否移动任务框架？"，一般点击"是"，保持任务框架和基坐标一致，如图 4-7 所示。

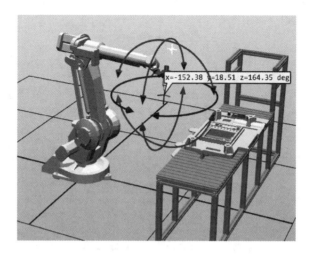

图 4-6 手动重定位机器人

图 4-7 是否移动任务框架

4.2.2 精确手动

要使机器人微动至极限,或者机器人运动到具有准确数据的点,最好使用微动控制对话框。在布局浏览器中点击机器人,单击右键,在菜单列表中选择"机械装置手动关节"。在弹出的对话框中,拖动滑块进行关节运动,单击按钮,可以点动关节运动,也可以设定每次点动的距离。

◀ 4.3 目标点生成轨迹 ▶

与真实的机器人一样,在 RobotStudio 中工业机器人的运动轨迹是通过 RAPID 程序指令进行控制的。下面就讲解如何在 RobotStuio 中进行轨迹的仿真,生成的轨迹可以下载到真实的机器人中运行。以任务包 Task2-9-1 为例,介绍目标点生成轨迹。如表 4-1 所示。

表 4-1 目标点生成轨迹

图　　示	说　　明
	1. 安装在法兰面的工具 MyTool 在工件坐标 Wobj1 中沿着对象的边沿行走一周

续表

图 示	说 明
	2. 在基本功能选项卡中,单击"路径"后选择"空路径"
	3. 生成空路径"Path_10" 4. 设定框中的内容如图所示 5. 在开始编程之前,对运动指令及参数进行设定,确认虚线框中的工具坐标、工件坐标、速度、转角半径
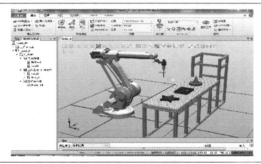	6. 选择 Freehand 中的"手动关节"
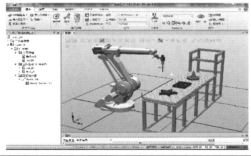	7. 将机器人关节拖动到合适的位置,作为轨迹的起点 8. 选择"MoveJ"关节运动指令 9. 单击"示教指令" 10. 此处显示新创建的运动指令
	11. 选择"MoveL"线性运动指令 12. 选择"手动线性" 13. 拖动箭头选择合适的捕捉方式到图示位置

图　示	说　明
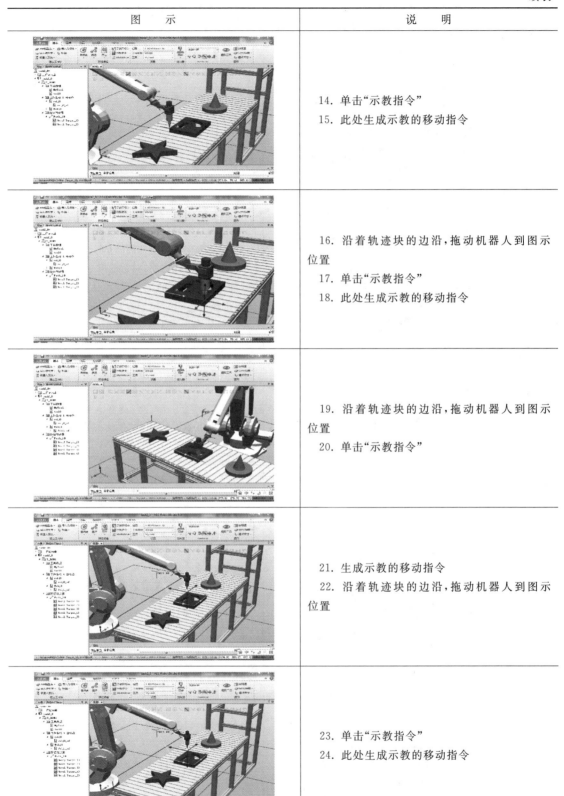	14. 单击"示教指令" 15. 此处生成示教的移动指令
	16. 沿着轨迹块的边沿，拖动机器人到图示位置 17. 单击"示教指令" 18. 此处生成示教的移动指令
	19. 沿着轨迹块的边沿，拖动机器人到图示位置 20. 单击"示教指令"
	21. 生成示教的移动指令 22. 沿着轨迹块的边沿，拖动机器人到图示位置
	23. 单击"示教指令" 24. 此处生成示教的移动指令

图　　示	说　　明
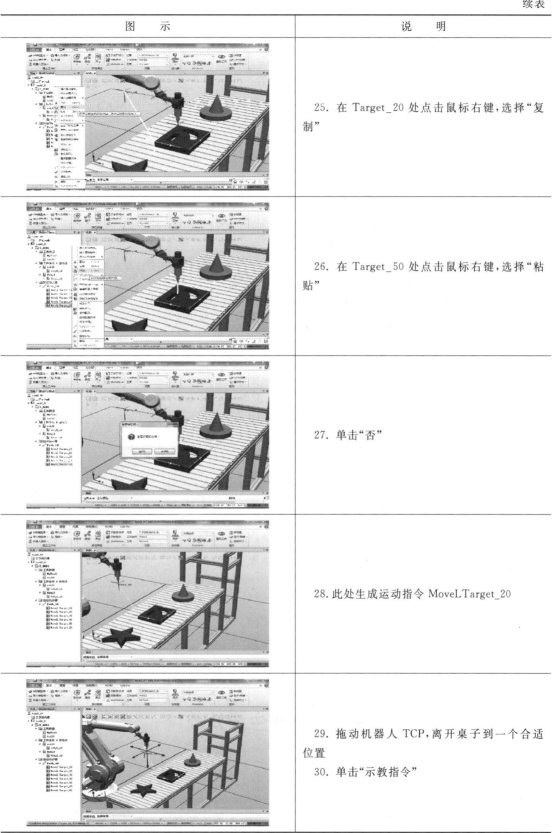	25. 在 Target_20 处点击鼠标右键,选择"复制"
	26. 在 Target_50 处点击鼠标右键,选择"粘贴"
	27. 单击"否"
	28. 此处生成运动指令 MoveL Target_20
	29. 拖动机器人 TCP,离开桌子到一个合适位置 30. 单击"示教指令"

续表

图　示	说　明
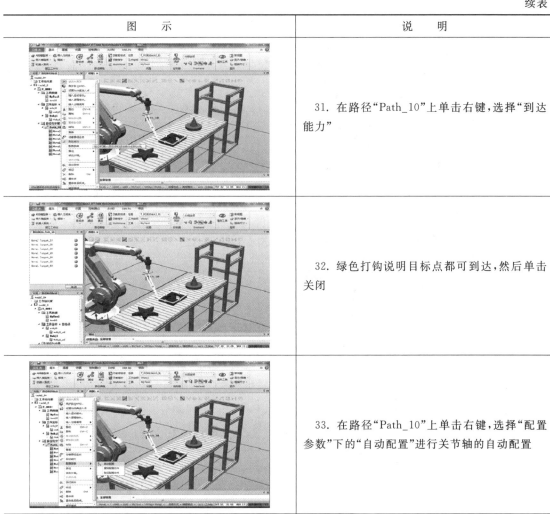	31. 在路径"Path_10"上单击右键,选择"到达能力"
	32. 绿色打钩说明目标点都可到达,然后单击关闭
	33. 在路径"Path_10"上单击右键,选择"配置参数"下的"自动配置"进行关节轴的自动配置
	34. 在路径"Path_10"上单击右键,选择"沿路径运动"检查是否能正常运行

◀ 4.4　自动生成轨迹 ▶

　　机器人在轨迹应用过程中,如切割、涂胶、焊接等过程中,常会需要处理一些不规则的曲线,通常的做法是采用描点法,根据工艺精度的要求去示教相应数量的目标点,从而生成机器人轨迹。这种方法费时、费力且不容易保证轨迹精度。图形化的编程即根据 3D 模型的曲线特征自动转化成机器人的运动轨迹,此种方法省时、省力且容易保证精度。利用该方法生成轨迹的步骤如下。

Step1：创建路径曲线。

Step2：自动生成路径轨迹。

Step3：调整机器人目标点，检查到达能力。

Step4：调整配置参数。

Step5：沿着路径运动，验证路径是否可执行。

从三维软件导入的模型一般是体和面，这就需要我们借助"建模"选项卡中的"表面边界"工具在表面边界生成曲线，如图 4-8 所示。

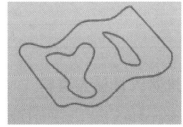

图 4-8　创建表面边界

4.4.1　自动生成路径

在具有边、曲线几何对象后，RobotStudio 的自动路径可生成沿着曲线或者表面的边缘得到准确路径。

解包"task2_12. rspag"，在基本选项卡中，单击路径，然后选择自动路径，显示自动路径工具，如图 4-9 所示。选择希望创建路径的几何物体的边缘或曲线。选择情况在工具窗口中列出为边缘。

选择曲线时，使用选择级别"Curve"（曲线）。如果曲线没有任何分支，则选择一个边缘时按住 SHIFT 键会把整根曲线的边缘都加入列表中。

为了使创建路径垂直于某表面，可以在参照面方框中选择表面，让工具位于表面的法线方向，如图 4-10 所示。对话框的其他参数说明如表 4-2 所示。

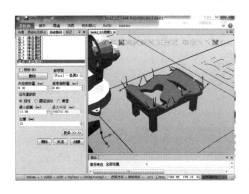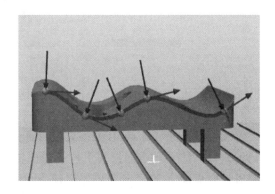

图 4-9　从表面边界自动生成路径　　　　图 4-10　表面的法线方向设定

表 4-2　自动轨迹设计功能项说明

选择或输入数值	用　　途
最小距离	设置两生成点之间的最小距离，即小于该最小距离的点将被过滤掉

选择或输入数值	用　　途
公差	设置生成点所允许的几何描述的最大偏差
最大半径	在将圆周视为直线前确定圆的半径大小,即可将直线视为半径无限大的圆
线性	为每个目标生成线性移动指令
环形	在描述圆弧的选定边上生成环形移动指令
常量	使用常量距离生成点
最终偏移	设置距离最后一个目标的指定偏移
起始偏移	设置距离第一个目标的指定偏移

4.4.2　机器人目标点调整

自动路径生成的目标点,不一定就可以直接拿来用,此时需要对目标点进行调整。在"基本"功能选项卡中点击"路径和目标点",依次展开工件坐标 & 目标点、Wobj1、Wobj_of,即可以看到自动生成的目标点。

目标点 Target_10 处工具的姿态如图 4-11 所示。如果机器人难以到达该目标点,则可以改变一下该目标点的姿态,从而使机器人能够到达该目标点。

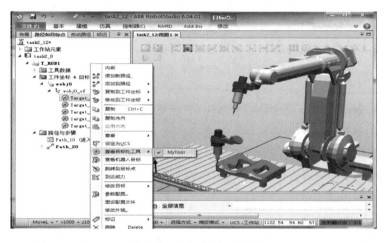

图 4-11　查看目标处工具

右击目标点"Target_10",单击"修改目标",选择"旋转"。将目标点的工具姿态调整至机器人"顺手"的姿势,如图 4-12 所示。

接着修改其他目标点,在处理大量目标点时,可以批量处理,如图 4-13 所示。在保证自动生成的目标点的 Z 轴方向均为工件上表面的法线方向基础上,此处 Z 轴无须再做修改。只需调整各目标点的 X 轴方向即可。按住 Shift 键,选中剩余的所有目标点,然后进行统一调整。右击选中目标点,单击"修改目标"中的"对准目标点方向"。在"参考"框中选择前面修改过的目标点"Target_10"。"对准轴"设为"X"。"锁定轴"设定为"Z",单击"应用"。这样就将剩余的所有目标点的 X 轴方向对准了已调整好姿态的目标点的 X 轴方向。选中所有目标点,即可查看到所有的目标点方向已调整完成。

图 4-12　修改目标点姿态

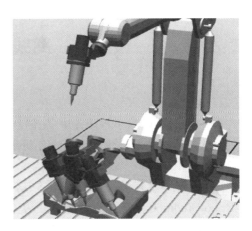

图 4-13　批量处理目标点方向

4.4.3　调整配置参数

为了检查目标点机器人是否可以触及,可以使用到达能力功能。

在路径 & 目标浏览器中,右键单击要进行可达性检查的目标点或路径,单击可达能力,可查看所选对象的可达性状态。确认所有的目标点右侧都是绿色的打钩标记,如图 4-14 所示。

图 4-14　到达能力测试及自动配置参数

检查可达性功能不会验证某个路径是否可执行,如果轴在线性移动期间移位幅度超过 90 度,机器人无法在设定的配置之间移动,运行该路径时可能也会遇到问题。这时需要调整轴参数配置。

RobotStudio 中提供了自动配置功能,能对路径中的所有目标,忽略现有未验证的配置文件,并将其替换为最佳配置文件。

在路径 & 目标浏览器中,右键单击某个路径,选择配置参数,然后选择自动配置。如果存在多个配置方案,单击每个配置进行查看,此时,机器人将逐步执行路径中的各个目标并设置配置文件。

选择参数的原则:当前每个轴关节的关节值综合偏离机械原点姿态小的姿态关节值,是相对比较合理的。

最后选择"沿着路径运动"观察机器人的运动轨迹,如果全部通过,说明自动路径创建成功。

4.5 离线轨迹编程的关键点

1. 图像曲线

（1）生成曲线，除了本任务中"先创建曲线再生成轨迹"的方法外，还可以直接去捕捉3D模型的边缘进行轨迹的创建。在创建自动路径时，可直接用鼠标去捕捉边缘，从而生成机器人运动轨迹。

（2）对于一些复杂的3D模型，将其导入RobotStudio中后，某些特征可能会出现丢失，此外RobotStudio专注于机器人运动，只提供基本的建模功能，所以在导入3D模型之前，建议在专业的制图软件中进行处理，可以在数模表面绘制相关曲线，导入RobotStudio后，将这些已有的曲线直接转换成机器人轨迹。例如利用SolidWorks软件"特征"菜单中的"分割线"功能就能够在3D模型上面创建实体曲线。

（3）在生成轨迹时，需要根据实际情况，选取合适的近似值参数并调整数值大小。

2. 目标点调整

目标点调整方法有多种，在实际应用过程中，单单使用一种调整方法难以将目标点一次性调整到位，尤其是在对工具姿态要求较高的工艺需求场合中，通常是综合运用多种方法进行多次调整。建议在调整过程中先对单一目标点进行调整，反复尝试调整完成后，其他目标的某些属性可以参考调整好的第一个目标点进行设置。

3. 轴配置调整

在为目标点配置过程中，若轨迹较长，可能会遇到相邻两个目标点之间轴配置变化过大，从而在轨迹运行过程中出现"机器人当前位置无法跳转到目标点位置，请检查轴配置"等提示。此时，我们可以从以下几项措施着手进行更改：轨迹起始点尝试使用不同的轴配置参数，如有需要可勾选"包含转数"之后再选择轴配置参数。尝试更改轨迹起始点位置，可运用SingArea、ConfL、ConfJ等指令（可参考www.robotpartner.cn\abb链接中相关教程视频内容）。

课后练习

解包"task2_12.rspag"，沿着轨迹板的内边缘生成轨迹，要求：在机器人"沿着路径运动"时，轨迹流畅。机器人运动轨迹仿真示意如图4-15所示。

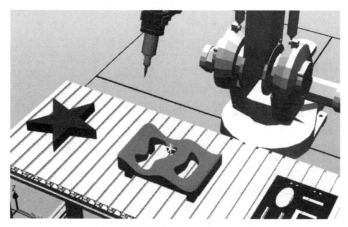

图4-15　机器人运动轨迹仿真示意

实践 5

工业机器人仿真辅助功能

【学习目标】

※ 实践目标
- 了解机器人碰撞监控功能的使用。
- 了解机器人接近丢失功能的使用。
- 学习机器人 TCP 跟踪的方法。
- 学习仿真运行设置方法及怎样录制视频。

※ 实践内容
- 机器人碰撞监控功能的使用。
- 机器人接近丢失功能的使用。
- 机器人 TCP 跟踪的方法。
- 仿真运行设置方法。
- 录制视频的方法。

※ 实践要求
- 了解机器人碰撞监控功能的设置方法。
- 了解机器人接近丢失功能的设置方法。
- 掌握机器人 TCP 跟踪的设置方法。
- 掌握仿真运行设置方法。
- 掌握录制视频的方法。

◀ 5.1 机器人碰撞监控 ▶

在仿真过程中,规划好机器人运行轨迹后,一般需要验证当前机器人轨迹是否会与周边设备发生干涉,可使用碰撞监控功能进行检测;此外,机器人执行完运动后,我们需要对轨迹进行分析,机器人轨迹到底是否满足需求,可通过 TCP 跟踪功能将机器人运行轨迹记录下来,用作后续分析材料。

5.1.1 机器人碰撞监控功能的使用

模拟仿真的一个重要任务是验证轨迹的可行性,即验证机器人在运行过程中是否会与周边设备发生碰撞。此外,机器人工具实体尖端与工件表面的距离需保证在合理范围之内,即既不能与工件发生碰撞,也不能距离过大,从而保证工艺需求。在 RobotStudio 软件的"仿真"功能选项卡中有专门用于检测碰撞的功能——碰撞监控,如图 5-1 所示。

碰撞监控创建方法如下:

Step1:在"仿真"功能选项卡中单击"创建碰撞监控"。

Step2:在布局窗口展开"碰撞检测设定_1",显示 ObjectsA 和 ObjectsB。

Step3:将工具"夹手工具"拖放到 ObjectsA 组中。

Step4:将"1+N 实训单元设备"的"TCP 训练台_1"拖放到 ObjectsB 组中。

Step5:单击"修改碰撞监控",设定碰撞监控属性,弹出如图 5-2 所示窗口,碰撞颜色默认

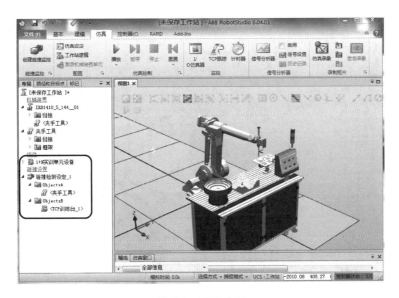

图 5-1 碰撞检测

红色。

Step6：利用手动拖动方式，拖动机器人工具与工件发生碰撞，查看碰撞监控效果。当工具与"TCP 训练台"碰撞时，将以颜色显示，并在输出框显示相关碰撞信息，如图 5-3 所示。

碰撞集包含 ObjectA 和 ObjectB 两组对象，需要将检测的对象放到两组中，从而检测两组对象之间的碰撞。当 ObjectA 内任何对象与 ObjectB 内任何对象发生碰撞，此碰撞将显示在图形视图里并记录在输出窗口内。可在工作站内设置多个碰撞集，但每一碰撞集仅能包含两组对象。在布局窗口中，可以用鼠标左键点中需要检测的对象，不要松开，将其拖放到对应的

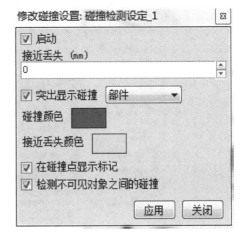

图 5-2 碰撞检测设定

组别里。然后设定碰撞监控属性。碰撞属性中的名词解释：接近丢失——选择的两组对象之间的距离小于该数值时，则出现颜色提示。碰撞——选择的两组对象之间发生碰撞，则显示碰撞颜色。两种监控均有对应的颜色设置。

5.1.2 机器人接近丢失功能的使用

设定接近丢失，在本任务中，设定在接近丢失中 3 mm，则机器人在执行整体轨迹的过程中，可监控机器人工具是否与工件之间距离过远，若过远则不显示接近丢失颜色；同时可监控工具与工件之间是否发生碰撞，若碰撞则显示碰撞颜色。

创建方法具体如下：

Step1：在碰撞监控属性对话框中，将接近丢失距离设为 3 mm，接近丢失颜色默认为黄色，单击"应用"；

Step2：利用手动拖动方式，拖动机器人工具，当工具接近工件时，工具和工件都显示成黄色，如图 5-4 所示。

图 5-3　碰撞监控效果

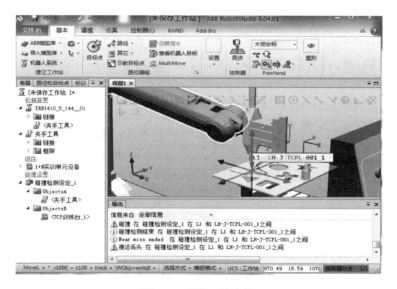

图 5-4　碰撞接近功能

5.1.3　机器人 TCP 跟踪

机器人执行完运动后,我们需要对轨迹进行分析,机器人轨迹到底是否满足需求,则可通过 TCP 跟踪功能将机器人运行轨迹记录下来,用作后续分析材料。在机器人运行过程中,我们可以监控 TCP 的运动轨迹以及运动速度,以便分析使用。

创建 TCP 跟踪方法具体如下:

Step1:在"仿真"选项卡上,单击"监控",打开对话框;

Step2:在左栏中选择合适的机器人;

Step3:在"TCP 跟踪"选项卡上选中"启用 TCP 跟踪"复选框,为所选机器人启用 TCP 跟踪;

Step4:如有需要,更改轨迹颜色 。

机器人 TCP 跟踪功能的使用:在机器人运动程序编好后,在"仿真"中单击"播放",生成黄色轨迹,如图 5-5 所示。

图 5-5　机器人 TCP 跟踪

◀ **5.2　仿真运行及录制视频** ▶

5.2.1　仿真运行机器人程序

进行仿真时,整个机器人程序将在虚拟控制器上运行。

Step1:在基本功能选项卡下单击"同步",选择"同步到 RAPID"。将进行仿真的路径同步至虚拟控制器。

Step2:将需要同步的项目都打钩,如图 5-6 所示。

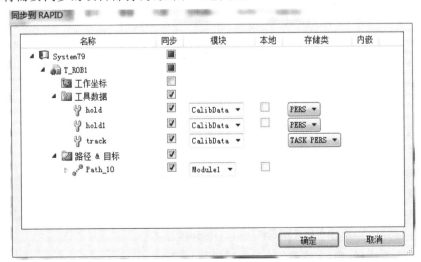

图 5-6　同步到 RAPID

Step3:进行"仿真设定"。在仿真设定中选择仿真对象,选择运行模式为连续或单个周期,选择仿真进入点。如图 5-7 所示,各选项含义如表 5-1 所示。

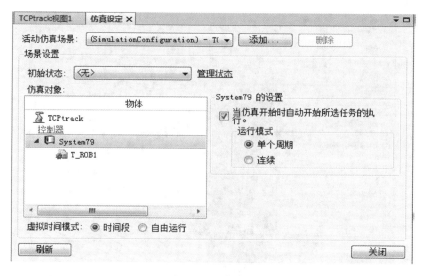

图 5-7　仿真设定

表 5-1　仿真设定

选　　项	描　　述
活动仿真场景	列出所有活动工作站场景。添加:单击可添加新场景。删除:单击可删除选中的场景
初始状态	设置仿真的初始状态
管理状态	打开 Station Logic(工作站逻辑)面板
仿真对象	显示可以加入仿真的所有对象。可选择相应的对象加入仿真,例如,一个 Smart 组件。在创建新场景时,默认会选中所有对象
虚拟时间模式	时间段(Time slice):此选项将 RobotStudio 设为始终使用时间段模式。 自由运行(Free run):此选项将 RobotStudio 设为始终使用自由运行模式

Step4:设定完成后,在"仿真"选项卡中单击"播放",这时机器人就会按之前所示教的轨迹进行运动。

5.2.2　将机器人的仿真录制成视频

1. 将工作站中工业机器人的工作过程录制成视频

(1) 首先对屏幕录像的选项进行设置,如帧速率、录制文件存放的位置等。

Step1:选择"文件"中的"选项",单击"屏幕录像机",如图 5-8 所示。

Step2:对录像的参数进行设定,单击"确定"。

(2) 录制视频的步骤如下:

Step1:在"仿真"选项中单击"仿真录像";

Step2:在"仿真"选项中单击"播放";

Step3:在"仿真"中单击"查看录像"就可以查到视频;

Step4:完成工作后,单击"保存"对工作站进行保存。

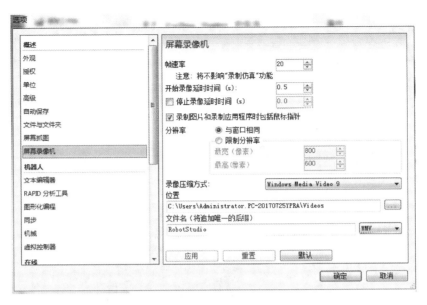

图 5-8　屏幕录像机的设置

2. 将机器人的仿真录制成应用程序

还可以把视频录制成.exe文件,在EXE文件窗口中,可以进行缩放、平移和转换视角的操作,与RobotStudio中的一样。

创建方法如下:

Step1:在"仿真"中单击"播放",在录制短片中选择"录制应用程序";

Step2:要结束录制,点击"停止录像",录制完成后,在弹出的保存对话框中指定保存位置,然后单击"Save";

Step3:点击"查看录像"重放最近捕获的内容。

图5-9所示为进入视频录制的状态。

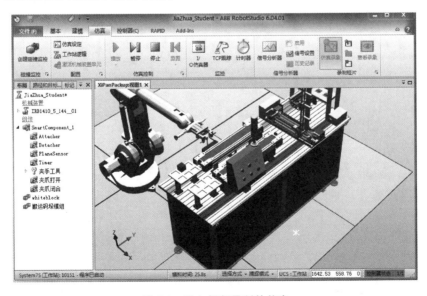

图 5-9　进入视频录制的状态

课后练习

打开任务包"Task2-10-1.rspag",首先执行"同步到 RAPID",确保工作站与虚拟控制器中的数据一致,然后执行以下任务:

(1) 仿真运行机器人;

(2) 将机器人的仿真录制成视频。如图 5-10 所示。

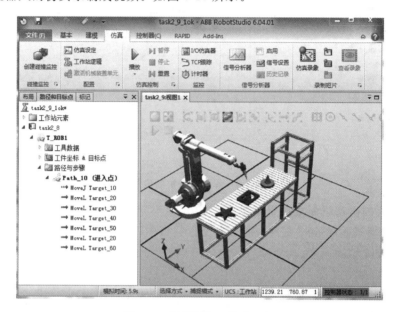

图 5-10　录制视频工作站示例

实践 6
搬运机器人的离线编程与仿真

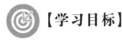 **【学习目标】**

※ 实践目标

- 学习机床上下料机器人工作站布局特点和工业流程。
- 学习机床上下料机器人工作站用到的 Smart 组件。
- 学习机床上下料机器人的编程。
- 学习机床上下料机器人工作站仿真调试。

※ 实践内容

- 工艺流程分析。
- 创建机器人工具。
- 创建机床机械装置。
- 搭建工作站。
- 机床作业 Smart 组件系统。
- 搬运工作站工作逻辑连接。
- 编辑搬运程序。
- 工作站仿真调试。

※ 实践要求

- 掌握机床上下料机器人工作站创建方法。
- 能正确设立 Smart 组件进行机床上下料工作站动作仿真。
- 掌握机床上下料工作站机器人的程序编程。
- 掌握机床上下料工作站仿真的调试方法和技巧。

◀ 6.1 工作站任务介绍 ▶

工业机器人广泛应用于生产制造过程中搬运作业,比如机床上下料、冲压机自动化生产线、自动装配流水线、码垛搬运、集装箱等的自动搬运等。本章以机床上下料为例,介绍在 RobotStudio 中进行搬运机器人的离线编程与仿真。

任务利用 ABB 公司机器人 IRB1410 来完成数控加工中心的机床上下料,实现对一种 50 cm×50 cm×50 cm 的立方块的自动送料,自动夹紧和加工,然后由机器人取料至下一工位的过程。

应用 RobotStudio 的 Smart 组件创建设备和工具的动作,根据生产的工艺过程和工艺节拍对 Smart 组件进行设置、对机器人编写程序,完成机床上下料工作站的编程与仿真。

6.1.1　工作站布局

工作站参考布局如图 6-1 所示。

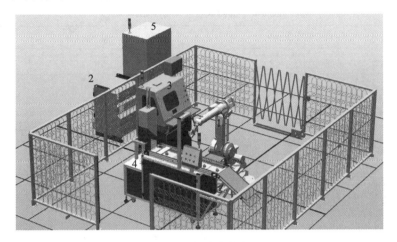

图 6-1　工作站参考布局

1—ABB IRB1410 机器人本体；2—ABB IRB1410 机器人控制柜；3—数控铣床；4—视觉跟踪线；5—工作站主控柜

6.1.2　工艺流程分析

物料搬运工作站工艺流程步骤如表 6-1 所示。

表 6-1　物料搬运工作站工艺流程步骤

步　　骤	作业名称	作业内容	备　　注
第1步	作业准备 系统启动	工作前的准备(首次启动前,人工将运行条件准备好)	人工作业
第2步	机床开始工作	①送料机构的底部气缸推料；②物料在重力的作用下滑至机床夹具,夹具气缸夹紧工件；③夹紧到位后,机床开始工作；④机床加工完后发出到位信号给机器人	机床作业
第3步	机器人准备 拾取物料	①机器人从原位移至机床门外等待,并发出信号打开机床门和工件夹具；②夹具松开到位,机床门打开到位,发信号给机器人；③收到信号机器人进入机床拾取产品,夹爪闭合；④机器人拾取产品后运动到安全高度,退出机床	机器人作业
第4步	机床关门,加 工下一个产品	机器人退出机床到安全位置后,发出信号关闭机床门和加工下一工件	机床作业
第5步	机器人放料	①机器人运行到视觉跟踪线的托盘上方,开始减速；②机器人下行,到放料点后松开夹爪放料；③机器人上行到一定高度退回到机械原点	机器人作业
第6步	循环工作	①机器人判断托盘情况,对应处理；②机器人重复步骤1~5	

6.1.3 动作说明

机器人各环节动作图说明如表 6-2 所示。

表 6-2 机器人各环节动作图说明

图　　示	说　　明
	1. 作业准备,点击软件中的仿真选择播放,这时系统开始启动
	2. 机器人移至机床等待点,并向机床发出加工信号
	3. 机床收到信号,料仓推料,夹具夹紧工件,机床开始加工
	4. 加工完后,夹具松开

图　示	说　明
	5. 夹具松开到位后,机床门打开,机器人进入机床,夹爪闭合,机器人取料
	6. 机器人及末端操作器完全退出机床后,机床门关闭,并发出加工下一个产品的指令
	7. 机器人至视觉跟踪线托盘处,夹爪打开,放料
	8. 机器人回原点,准备下一循环

◀ 6.2 工作站仿真设计 ▶

6.2.1 创建工具

在此工作站选用的末端操作器有吸盘和夹爪两种取料装置,如图 6-2 和图 6-3 所示。分析机床内部的空间和末端操作器的尺寸,只能采用夹钳式取料,末端操作器才能进入机床取料。

图 6-2 末端操作器

图 6-3 夹爪工具

在此工作站,末端操作器的夹爪是有开合动作的工具,我们将把它创建成工具类型的机械装置。

1. 调整末端操作器的本体坐标系

为了确保末端操作器装上机器人后位置正确,末端操作器的本体坐标系与机器人法兰盘的 Tool0 重合。机器人法兰盘端的 Tool0,Z 向垂直于法兰盘,指向外部,Y 轴平行于机器人的左右方向。据此判断,需要调整末端操作器的方向。

右击部件,应用菜单里的位置的相关功能将末端操作器调整到图 6-4 所示姿态,并修改其本地原点。

2. 在夹爪的工作点的位置创建一个框架

在 RobotStudio 创建工具时,需设定工具坐标系,所以先要创建一个框架。在两夹爪的中间位置,应用建模选项卡的框架功能定义一个框架 1,如图 6-5 所示。

3. 创建工具类型的机械装置

(1)创建机械装置。打开"创建机械装置"界面,设定机械装置模型名称为"夹爪",选择机械装置类型为"工具"。

(2)添加链接。右击链接,点击添加链接,创建以"工具主体"为 BaseLink 的链接 L1,"手爪 1"为链接 L2,"手爪 2"为链接 L3。

(3)添加接点。右击接点,点击添加接点,创建往复型接点 J1、接点 J2,设置直线移动的方向和移动距离,参数设置如图 6-6、图 6-7 所示。

(4)添加工具数据,工具数据如图 6-8 所示。

(5)编译机械装置。设置完后,点击"编译机械装置",界面如图 6-9 所示。

(6)添加姿态。添加"夹爪闭合""夹爪打开"两个姿态,参数设置如图 6-10 所示。在布局浏

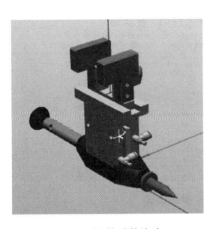

图 6-4　调整后的姿态

图 6-5　新建框架

图 6-6　接点 J1 的参数设置

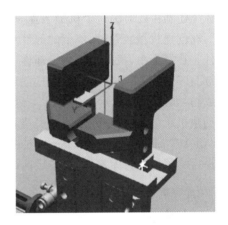

图 6-7　关节轴起始点

图 6-8　创建工具数据

图 6-9　定义机械装置

览器可以看到模型的图标已变成工具图标。把它保存成库文件,以备调用。

图 6-10 姿态"夹爪闭合""夹爪打开"参数设置

6.2.2 创建机械装置

在工作站中还有另一个机械装置——数控机床,模型打开后,在建模浏览树中只有一个"空部件",在创建机械装置时,单个的部件对应一个链接,所以需要把部件按照实际动作分为独立的部件。在机床中,机床主体为一部件,这是机械装置里面的"BaseLink";机床门为一部件;夹紧气缸为一部件,共三个部件。通过创建"空部件",再将相关的物体拖入到对应的部件中即可创建成功,如图 6-11 所示。

创建机床门关闭、打开的旋转关节和气缸夹紧及松开的直线往返关节,一共有"DoorOpen""DoorClose""clamprelease""clampclose"四个姿态。机械装置的链接和姿态设置如图 6-12 所示。最后将其保存为库文件,以备后面调用。

图 6-11 创建机械装置

图 6-12 创建机械装置姿态

6.2.3 工作站模型导入

解压文件包"chapter6_feedmachine.rar",导入模型和前面创建的工具及机床,并从 ABB 模型库调入"IRB1410"。根据设备的相对关系、机器人的到达能力等,对工作站进行布局,创建如图 6-13 所示的工作站。

6.2.4 创建工作站系统

1. 工作站的系统

机器人的系统通过从布局创建系统,添加 709-1 DeviceNet Master/Slave 和 Chinese 两个

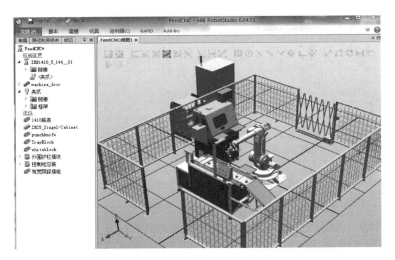

图 6-13　文件包解压工作站界面

选项。在控制器选项卡下的配置编辑器的 I/O System 中进行 I/O 配置，创建如表 6-3 所示的 I/O 板和 I/O 信号。

表 6-3　机器人搬运工作站信号

(1) I/O 板说明			
Name	使用来自模板的值	Network	Address
D652	DSQC 652	DeviceNet	62

(2) I/O 信号列表				
Name	Type of Signal	Assiigend to Device	Device Mapping	I/O 说明
do01RobInHome	DO	D652	0	机器人在原点信号
do02GripperON	DO	D652	9	夹取打开
do03GripperOFF	DO	D652	10	夹取关闭
do04StartCNC	DO	D652	1	运行加工信号
do05RobInCNC	DO	D652	2	机器人在机床中信号
do06DoorClose	DO	D652	3	机床门开合信号
do07ClampOpen	DO	D652	4	打开机床夹具
do08EStop	DO	D652	5	机器人急停输出信号
do09CycleOn	DO	D652	6	机器人运行状态信号
do10RobManual	DO	D652	7	机器人处于手动模式
do11Error	DO	D652	8	机器人错误信息
di01CNCAuto	DI	D652	0	机床是否在自动状态
di02DoorOpen	DI	D652	1	安全门开到位
di03PartOK	DI	D652	2	产品加工完毕
di04Pickok	DI	D652	3	夹取完成
di05LsClampClose	DI	D652	4	夹爪闭合到位
di06LsClampOpen	DI	D652	5	夹爪打开到位

续表

Name	Type of Signal	Assiigend to Device	Device Mapping	I/O 说明
di07ResetE_Stop	DI	D652	6	急停复位
di08ResetError	DI	D652	7	错误报警复位信号
di09StartAt_Main	DI	D652	8	从主程序开始信号
di10MotorOn	DI	D652	9	电动机上电输入信号
di11Start	DI	D652	10	启动信号
di12Stop	DI	D652	11	停止信号
di13CNCerror	DI	D652	12	机床报错

除了工业机器人系统外,另外还需创建以下三个 Smart 组件系统。

1) 机床作业 Smart 组件系统

在料仓底部气缸推料,物料在重力的作用下滑至机床夹具,夹具气缸夹紧工件,夹紧到位后,机床开始工作,机床加工完后发出到位信号给机器人。有如表 6-4 所示 I/O 信号。

表 6-4　机床作业工作信号

信号类型	信号名称	信号功能
组件输入信号	di04StartCNC	启动机床系统
组件输出信号	doCNCWorking	机床正在工作
	do03PartOK	工件加工完毕

2) 机床开关门 Smart 组件系统

机床加工时,机床门关闭;工件加工完毕后,机床门开,机器人进入机床取料;机器人取料完毕后机床门关闭。有如表 6-5 所示 I/O 信号。

表 6-5　开关门作业工作信号

信号类型	信号名称	信号功能
组件输入信号	di06DoorClose	关闭门
组件输出信号	do02DoorOpen	门已打开

3) 末端操作器抓取物料 Smart 组件系统

在末端操作器接到机器人可以抓取的指令时,夹爪开始闭合,当夹爪夹到产品,夹爪停止运动;机器人运动时,产品随机器人和末端操作器一起动作;当末端操作器接到机器人释放产品指令时,夹爪打开,松开产品。有如表 6-6 所示 I/O 信号。

表 6-6　末端操作器工作信号

信号类型	信号名称	信号功能
组件输入信号	di02GripperON	启动系统
组件输出信号	do04PickOK	夹爪已抓到工件

2. 机床作业 Smart 组件系统

如图 6-14 所示,机床作业有如下动作。

(1) Smart 组件设计分析,如图 6-15 所示。

(2) 实现动作的基础组件,如表 6-7 所示。

(a)料仓物料就绪

(b)物料在重力的作用下滑下

(c)物料滑至机床夹具

(d)夹具气缸夹紧物料

(e)机床开始工作

(f)机床加工完后发出
到位信号给机器人

图 6-14 机床作业流程

物料就绪

动作：料仓物料就绪。
输入信号：启动系统

物料滑下

动作：气缸夹紧物料。
输入信号：物料已滑动到位。
输出信号：物料已被夹紧

夹紧物料

动作：物料在重力的作用下滑下。
输入信号：物料就位。
输出信号：物料已滑到位

夹具打开

动作：气缸收回，松开物料。
输入信号：产品加工完毕。
输出信号：产品就绪

加工产品

动作：刀具旋转仿真加工物料。
输入信号：物料已滑动位。
输出信号：产品加工完毕

图 6-15 Smart 组件设计分析

表 6-7 实现动作的基础组件

动 作	基 础 组 件
物料就绪	Source
物料滑下	LinearMover2
夹紧物料	PoseMover
加工产品	Rotator
夹具打开	PoseMover2

基础组件的功能和用法参见 3.2 节。

（3）创建 Smart 组件。

创建机床作业的 Smart 组件的步骤如下。

图 6-16　组件属性设置

①在建模选项卡中单击 Smart 组件，在建模的浏览器中创建 SmarComponet_1，单击鼠标右键将其命名为"supplymaterial"。

②创建子组件 Source，生成产品。

添加基础组件 Source，在 Source 属性窗口，在属性 Source 的下拉菜单中点选物料"whiteblock"，单击应用。基础组件 Source 创建完毕。

③创建仿真产品作直线运动。

添加基础组件 LinearMover2，指定物料移动距离。在 LinearMover2 属性窗口设置参数，如图 6-16 所示。在属性 Direction 中输入（−316.55，0.86，−86），Distance 为 32 mm，Duration 为 2 s。单击应用。基础组件 LinearMover2 创建完毕。

④创建机床夹具动作。

在 Smart 组件编辑器中定义 2 个 PoseMover 基础组件，在建模的浏览器中右击 PoseMover 基础组件，将其重命名为"夹具夹紧""夹具松开"，并设置参数，参数设置如图 6-17 和图 6-18 所示。

⑤设置刀具旋转组件。定义一个 Rotator2 基础组件，其参数设置如图 6-19 所示。

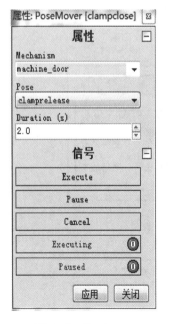

图 6-17　PoseMover 属性设置

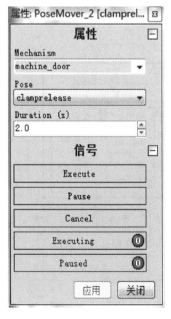

图 6-18　PoseMover2 属性设置

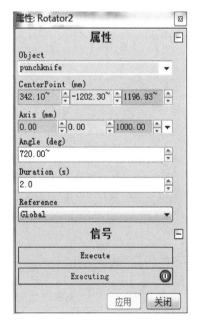

图 6-19　Rotator 属性设置

⑥将组件输出的信号锁住。在 RobotStudio 中，大多数基础组件的执行完后的输出信号是脉冲信号，这样 Smart 组件在与其他系统进行信号交互时，有可能刚好错过扫描信号的时序。

因此需要将信号锁住。基础组件 LogicSRLatch 就有此功能,当一个脉冲信号输进来时,LogicSRLatch 把信号锁住,如果输入是 1,那么就一直是 1,不会是短短的脉冲信号。

在 Smart 组件编辑器的组成选项卡中,点击添加组件—信号属性—LogicSRLatch,如图 6-20 所示,暂不进行信号连接。

图 6-20　添加逻辑信号

⑦创建属性连接。

在 Smart 组件编辑器的设计选项卡中,添加属性连接,将"Source"的"Copy()"与"LinearMover2"的"Object()"关联。如图 6-21 所示。

属性连接

源对象	源属性	目标对象	目标属性
Source	Copy	LinearMover2	Object

图 6-21　创建属性连接

⑧创建信号与连接。

在 Smart 组件编辑器的信号和连接选项卡中,添加数字输入信号"di04StartCNC""di02GripperON",输出信号"doCNCWorking""do03PartOK"。用"di04StartCNC"激活 Smart 组件,"di02GripperON"将输出信号复位。

在 Smart 组件编辑器的设计选项卡中,拖动鼠标进行信号关联,信号连接如图 6-22 和图 6-23 所示。

I/O连接

源对象	源信号	目标对象	目标对象
supplymaterial	di04StartCNC	Source	Execute
Source	Executed	LinearMover2	Execute
LogicSRLatch_3	Output	supplymaterial	do03PartOK
supplymaterial	di02GripperON	LogicSRLatch_3	Reset
LinearMover2	Executed	PoseMover [clampcl...	Execute
PoseMover [clampcl...	Executed	Rotator2	Execute
Rotator2	Executed	PoseMover_2 [clamp...	Execute
PoseMover_2 [clamp...	Executed	LogicSRLatch_3	Set

图 6-22　I/O 信号连接

机床开关门系统和末端操作器抓取料系统的 Smart 组件设计如图 6-24 和图 6-25 所示。

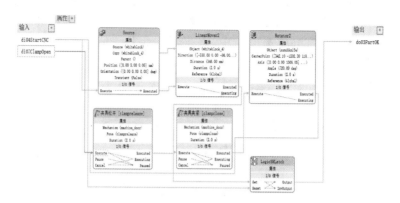

图 6-23 机床动作系统 Smart 组件设计

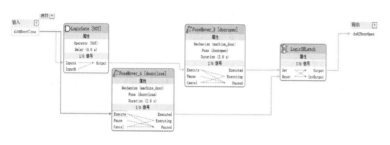

图 6-24 机床开关门系统 Smart 组件设计

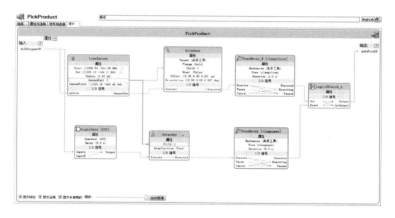

图 6-25 末端操作器抓取料系统 Smart 组件设计

6.2.5 搬运机器人轨迹示教

1. 创建工件坐标 wobjPanel 和 wobjCNC

位置如图 6-26 所示。

2. 示教目标点

（1）机器人原位点：pHome，如图 6-27 所示。

（2）机器人在机床外等待取料点：pWaitCNC，如图 6-28 所示。

（3）机器人退出机床点：pMoveOutCNC，如图 6-29 所示。

（4）机器人取料点：pPickCNC，如图 6-30 所示。

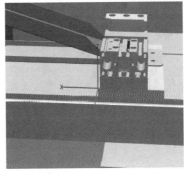

图 6-26　创建工件坐标示意图

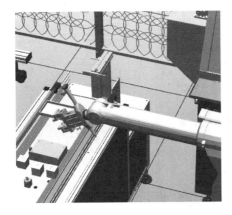

图 6-27　pHome 点设定

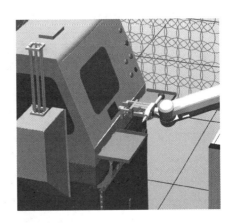

图 6-28　pWaitCNC 点设定

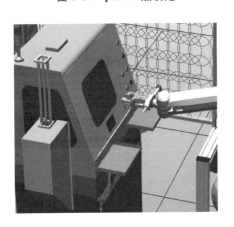

图 6-29　pMoveOutCNC 点设定

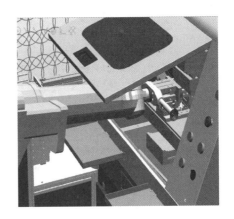

图 6-30　pPickCNC 点设定

（5）托盘放料基准点：pRelPart，如图 6-31 所示。

（6）放料中转点 1：pRelPart10，如图 6-32 所示。

（7）放料中转点 2：pRelPart20，如图 6-33 所示。

6.2.6　搬运工作站工作逻辑连接

工作站逻辑实现工作站层级的连接操作：创建工作站的输入输出信号，建立机器人与 Smart 组件、Smart 组件之间的信号连接。与 Smart 组件编辑器类似，工作站逻辑编辑器包含以下选项卡：组成、属性和连接、信号和连接、设计，如图 6-34 所示。

图 6-31　pRelPart 点设定

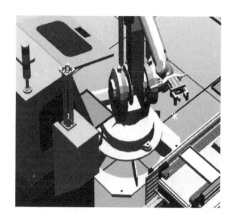

图 6-32　pRelPart10 点设定

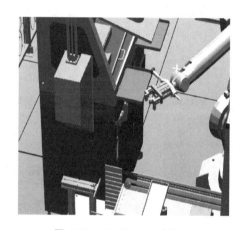

图 6-33　pRelPart20 点设定

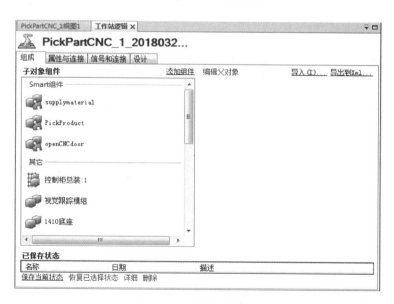

图 6-34　工作站逻辑界面

可以使用以下两种方式打开工作站逻辑：

（1）在仿真选项卡中的配置栏，单击工作站逻辑；

（2）在布局浏览器上，右击工作站并选择 工作站逻辑；搬运工作站的信号连接如图 6-35、

图 6-36 所示。

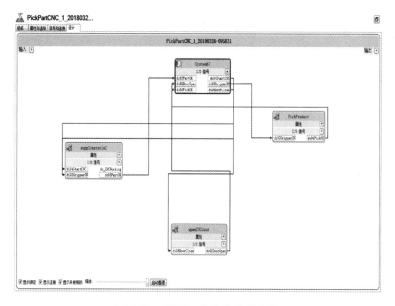

图 6-35 搬运工作站的信号连接

I/O连接

源对象	源信号	目标对象	目标对象
System67	doO4StartCNC	supplymaterial	diO4StartCNC
supplymaterial	doO3PartOK	System67	diO3PartOK
openCNCdoor	doO2DoorOpen	System67	diO2DoorOpen
System67	doO2GripperON	PickProduct	diO2GripperON
PickProduct	doO4PickOK	System67	diO4PickOK
System67	doO6DoorClose	openCNCdoor	diO6DoorClose
System67	doO2GripperON	supplymaterial	diO2GripperON

图 6-36 I/O 信号连接

6.2.7 搬运程序编辑

MODULE MainModule

！主程序模块 MainMoudle

PERS tooldatahold:=［TRUE,[[0,- 30,171.5],[0,- 0.707106781, 0.707106781,
0]],[1,[0,0,1],[1,0,0,0],0,0,0]];

！定义夹爪工具坐标

TASKPERSwobjdatawobjPanel:=［FALSE, TRUE,"",[[1096.295,- 403.566,758.
335],[0,1,0,0]],[[0,0,0],[1,0,0,0]]];

！定义放料托盘工件坐标系

TASKPERSwobjdatawobjCNC: =［FALSE, TRUE,"",[[370. 466411085, - 1057.
821937507,869.233],[0.000035244,0.000000006,0.000171466,0.999999985]],[[0,0,
0],[1,0,0,0]]];

！定义机床工件坐标系

CONSTrobtargetpMoveOutCNC:=[[27.30,- 406.54,256.72],[0.507572,0.492312,

```
0.507402,- 0.492486],[- 1,- 1,1,0],[9E+ 09,9E+ 09,9E+ 09,9E+ 09,9E+ 09,9E+
09]];
    ! 机器人退出机床点
    CONSTrobtargetpPickCNC:= [[27.26,129.10,121.09],[0.507573,0.492311,0.
507403,- 0.492486],[- 1,- 2,2,0],[9E+ 09,9E+ 09,9E+ 09,9E+ 09,9E+ 09,9E+ 09]];
    ! 机器人取料点
    CONSTrobtarget pWaitCNC:= [[27.30,- 406.59,121.28],[0.507573,0.492312,0.
507402,- 0.492486],[- 1,- 2,2,0],[9E+ 09,9E+ 09,9E+ 09,9E+ 09,9E+ 09,9E+ 09]];
    ! 机器人在机床外等待取料点
    CONST robtarget pRelPart:= [[63.98,55.81,- 99.07],[0.707107,5.24554E- 07,
- 0.707107,- 1.07522E- 06],[- 1,- 1,1,0],[9E+ 09,9E+ 09,9E+ 09,9E+ 09,9E+ 09,
9E+ 09]];
    ! 托盘放料基准点
    CONS Trobtarget pHome:= [[1092.14,- 30.00,1066.75],[0.612372,0.353553,- 0.
353553,- 0.612372],[0,0,0,0],[9E+ 09,9E+ 09,9E+ 09,9E+ 09,9E+ 09,9E+ 09]];
    ! 机器人原位点
    CONST robtargetp RelPart10:= [[- 79.93,55.81,- 238.42],[0.707107,- 1.
23206E- 06,- 0.707107,- 8.73862E- 07],[- 1,- 1,1,0],[9E+ 09,9E+ 09,9E+ 09,9E+
09,9E+ 09,9E+ 09]];
    ! 放料中转点 1
    CONST robtargetp RelPart20:= [[- 636.44,55.81,- 238.42],[0.56684,0.422721,
- 0.56684,0.42272],[- 1,- 1,1,0],[9E+ 09,9E+ 09,9E+ 09,9E+ 09,9E+ 09,9E+ 09]];
    ! 放料中转点 2
    CONST speeddata vFast:= [500,200,5000,1000];
    ! 定义机器人运动速度
        CONST speeddata vLow:= [500,100,5000,1000];
    ! 定义机器人运动速度
        PERS num nPickOff_X:= 0;
    ! 定义 X 方向的抓取偏移量
        PERS num nPickOff_Y:= 0;
    ! 定义 Y 方向的抓取偏移量
        PERS num nPickOff_Z:= 40;
    ! 定义 Z 方向的抓取偏移量
        PERS num nCTime:= 20.359;
    ! 定义生产节拍
        VAR num NProduct:= 0;
    ! 定义生产过程中的产品序号

        PROC main()
            rIninAll;
            ! 初始化程序
```

```
    WHILE TRUE DO
        rCycleTime;
        ! 周期计时
        IF di01CNCAuto= 1 and NProduct< = 3 and di13CNCerror= 0 THEN
        ! 判断机床是否处于自动状态并且生产产品小于 3 pcs、机床没有错误信息
            rExtracting;
            ! 用 CNC 生产和取件例行程序
            Pplace;
            ! 产品放置
        ENDIF
        IF NProduct> 3 THEN
            ! 当产品数量大于 3 时生产停止
            Stop;
        ENDIF
        WaitTime 0.3;
        ! 防止程序过载
    ENDWHILE
ENDPROC

PROC rIninAll()
    AccSet 100,100;
    ! 加速度设定
    VelSet 100,3000;
    ! 速度设定
    rReset_Out;
    ! 调用信号复位程序
    rCheckHomePos;
    ! 原点判断
    NProduct:= 1;
    ! 产品序号初始化
ENDPROC

PROC rExtracting()
    MoveJ pHome,vFast,fine,hold\WObj:= wobj0;
    MoveJ pWaitCNC,vFast,z20,hold\WObj:= wobjCNC;
    ! 机器人运行到待料点
    IF NProduct= 1 THEN
    ! 如果是第一个产品启动 CNC
        PulseDO\PLength:= 0.5,do04StartCNC;
    ENDIF
    WaitDI di03PartOK,1;
```

```
        ! 等待 CNC 把工件加工完毕
        Reset do06DoorClose;
        ! 打开机床门
        WaitDI di02DoorOpen,1;
        ! 等待安全门到位
         MoveL Offs (pPickCNC,nPickOff_X,nPickOff_Y,nPickOff_Z), vLow,
fine,hold\WObj:= wobjCNC;
        MoveL pPickCNC,vLow,fine,hold\WObj:= wobjCNC;
        ! 机器人运动到抓取点
        rGripperClose;
        ! 闭合夹爪
        WaitDI di04pickok,1;
        ! 等待夹住产品
        MoveL Offs(pPickCNC,nPickOff_X,nPickOff_Y,nPickOff_Z), vLow,z10,
hold\WObj:= wobjCNC;
        MoveJ pWaitCNC,vFast,z20,hold\WObj:= wobjCNC;
        WaitTime 1;
        Reset do06DoorClose;
        ! 关闭机床门
        PulseDO\PLength:= 0.5,do04StartCNC;
        ! 机床加工另一个产品,减少机器人等待时间,提高节拍
    ENDPROC

    PROC Pplace()
        ! 放料例行程序
        MoveJ pRelPart20,vFast,z50,hold\WObj:= wobjPanel;
        MoveJ pRelPart10,vFast,z50,hold\WObj:= wobjPanel;
        ! 放料路径过程点
        TEST NProduct
        ! 放置产品
        CASE 1:
            MoveL Offs(pRelPart,0,0,0),vLow,fine,hold\WObj:= wobjPanel;
            rGripperOpen;
            MoveL Offs(pRelPart,0,0,55),vLow,fine,hold\WObj:= wobjPanel;
        CASE 2:
            MoveL Offs(pRelPart,70,0,0),vLow,fine,hold\WObj:= wobjPanel;
            rGripperOpen;
            MoveL Offs(pRelPart,70,0,55),vLow,fine,hold\WObj:= wobjPanel;
        CASE 3:
            MoveL Offs(pRelPart,140,0,0),vLow,fine,hold\WObj:= wobjPanel;
            rGripperOpen;
```

```
            MoveL Offs (pRelPart, 140, 0, 55), vLow, fine, hold \ WObj: =
wobjPanel;
        ENDTEST
        NProduct:= NProduct+ 1;
        ! 产品计数累加
        MoveJ pHome,v1000,z50,hold;
    ENDPROC


    FUNC bool bCurrentPos(robtarget ComparePos,INOUT tooldata TCP)
        ! 判断当前位置和目标位置的误差在 50 mm 以内
        VAR num Counter:= 0;
        VAR robtarget ActualPos;
        ActualPos:= CRobT(\Tool:= TCP\WObj:= wobj0);
        IF ActualPos.trans.x> ComparePos.trans.x- 25 AND ActualPos.trans.
x< ComparePos.trans.x+ 25 Counter:= Counter+ 1;
        IF ActualPos.trans.y> ComparePos.trans.y- 25 AND ActualPos.trans.
y< ComparePos.trans.y+ 25 Counter:= Counter+ 1;
        IF ActualPos.trans.z> ComparePos.trans.z- 25 AND ActualPos.trans.
z< ComparePos.trans.z+ 25 Counter:= Counter+ 1;
        IF ActualPos.rot.q1> ComparePos.rot.q1- 0.1 AND ActualPos.rot.q1
< ComparePos.rot.q1+ 0.1 Counter:= Counter+ 1;
        IF ActualPos.rot.q2> ComparePos.rot.q2- 0.1 AND ActualPos.rot.q2
< ComparePos.rot.q2+ 0.1 Counter:= Counter+ 1;
        IF ActualPos.rot.q3> ComparePos.rot.q3- 0.1 AND ActualPos.rot.q3
< ComparePos.rot.q3+ 0.1 Counter:= Counter+ 1;
        IF ActualPos.rot.q4> ComparePos.rot.q4- 0.1 AND ActualPos.rot.q4
< ComparePos.rot.q4+ 0.1 Counter:= Counter+ 1;
        RETURN Counter= 7;
    ENDFUNC


    PROC rCheckHomePos()
        ! 判断原点例行程序
        IF NOT bCurrentPos(pHome,hold)THEN
            TPErase;
            TPWrite "Robot is not in the Wait- Position";
            TPWrite " Please jog the robot around the Wait position in
manual";
            TPWrite "And execute the aHome routine.";
            WaitTime 0.5;
            Stop;
            ! 移动到安全位置手动回原点
```

```
        ENDIF
ENDPROC


PROC rReset_Out()
! 重置输出信号
    Reset do04StartCNC;
    Reset do02GripperON;
    Set do06DoorClose;
    WaitDI di03PartOK,0;
    WaitDI di02DoorOpen,0;
ENDPROC


PROC rCycleTime()
    ClkStop clock1;
    ! 停止计时
    nCTime:= ClkRead(clock1);
    TPWrite "the cycletime is   "\Num:= nCTime;
    ClkReset clock1;
    ClkStart clock1;
    ! 开始计时
ENDPROC


PROC rHome()
    MoveJ pHome,vFast,fine,hold\WObj:= wobj0;
ENDPROC


PROC rGripperOpen()
! 打开夹爪
    Reset do02GripperON;
    WaitTime 1.3;
ENDPROC
PROC rGripperClose()
! 闭合夹爪
    Set do02GripperON;
    WaitTime 1.3;
ENDPROC
PROC rTeachPath()
! 示教目标点例行程序,可根据需要自己手动调用
    ! Programn for Robot teach target point
    MoveL pMoveOutCNC,v300,z40,hold\WObj:= wobjCNC;
    MoveL pPickCNC,v300,z40,hold\WObj:= wobjCNC;
```

```
    MoveL pWaitCNC,v300,z40,hold\WObj:= wobjCNC;
    MoveL pRelPart,v300,z40,hold\WObj:= wobjPanel;
    MoveJ pRelPart10,v300,z40,hold\WObj:= wobjPanel;
    MoveJ pRelPart20,v300,z40,hold\WObj:= wobjPanel;
    MoveL pHome,v300,z40,hold\WObj:= wobj0;
  ENDPROC
ENDMODULE
```

6.2.8　工作站仿真调试

在确保机器人程序和单个 Smart 组件能正常运行后,进行整个工作站的仿真调试。步骤如下。

(1) 打开仿真选项卡中的"I/O 仿真器",点击"仿真",在仿真功能选项卡中单击 I/O 仿真器。

(2) 弹出窗口,在系统的下拉菜单中点选机器人系统,在设备的下拉菜单中点选信号板"d652"。

(3) 单击播放按钮。

(4) 单击输入信号 di01CNCAuto,观察机床和机器人动作是否与程序设定的动作一致。

可以对仿真进行设置,对单个系统进行调试,找到问题并解决问题。图 6-37 右侧的 I/O 信号表,也是一个很重要的工具,可以观察信号的状态,发现是哪个信号出现了问题。

图 6-37　最终结果

6.2.9　录制视频

工作站调试成功后,将工作站中的工业机器人的工作过程录制成视频。具体方法参见 5.2.2 节。

课后练习

解压文件包"chapter6_feedmachine.rar",实现如下工艺流程:机器人向数控铣床发出加工指令,加工完成后机器人将部件取出,放置到托盘输送线上,一个托盘放置三个部件,如图 6-38

所示,放置完成后工作结束。

要求:①正确创建 Smart 组件;②满足以上工艺流程。

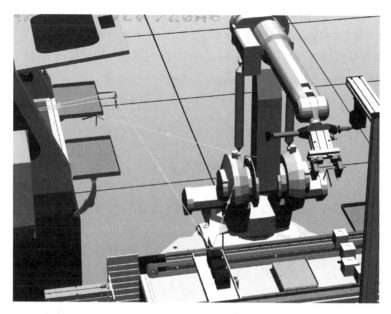

图 6-38　搬运工作站

实践 7
涂胶机器人的离线编程与仿真

【学习目标】

※ 实践目标

- 学习涂胶机器人工作站布局特点和工业流程。
- 学习涂胶机器人工作站用到的 Smart 组件。
- 学习涂胶机器人的编程。
- 学习涂胶机器人工作站仿真调试。

※ 实践内容

- 工艺流程分析。
- 创建机器人工具。
- 搭建工作站。
- 涂胶工作站 Smart 组件系统。
- 涂胶工作站工作逻辑连接。
- 编辑涂胶程序。
- 工作站仿真调试。

※ 实践要求

- 掌握涂胶机器人工作站创建方法。
- 能正确设立 Smart 组件进行涂胶工作站动作仿真。
- 掌握涂胶工作站机器人的程序编程。
- 掌握涂胶工作站仿真的调试方法和技巧。

在汽车制造工厂,需要在总装车间完成前、后风挡玻璃的涂胶及装配工序,而装配品质由涂胶质量及安装质量共同决定,涂胶及装配质量不仅影响整车的降噪、防漏水品质,还直接影响用户对整车的感觉,所以越来越多的总装车间采用机器人完成涂胶及装配工作。

风挡玻璃的安装一般在内饰装配线中完成,传统的风挡玻璃装配工艺一般由人工或机器人进行涂胶,人工或助力机械臂辅助安装,而高速机器人玻璃涂胶安装工作站,能提高生产工艺的自动化程度;相比较传统的人工玻璃安装工艺至少可以加快 20% 的节拍,降低工人的劳动强度;提高涂胶及装配质量;还可以节约 10% 的原料,能够保证胶型控制精度为 ±0.5 mm,安装精度在 ±0.8 mm,保证了风挡玻璃装配质量的稳定性。图 7-1 所示为汽车涂胶工作站。

机器人自动涂胶设备主要包含机器人、对中台、固定式涂胶枪、涂胶泵、输送系统、控制系统等。工作时胶枪固定,机器人根据玻璃信息按相应的轨迹进行涂胶。

涂胶工业机器人除了广泛应用于汽车领域,另外在建材门窗、太阳能光伏电池涂胶等行业也应用广泛。本章以玻璃涂胶为例,介绍在 RobotStudio 中进行涂胶机器人的离线编程与仿真。

图 7-1　汽车涂胶工作站

◀ 7.1　工作站任务介绍 ▶

....

　　汽车玻璃一般都是带有弧度的,涂胶轨迹是空间光滑曲线。本任务采用 ABB 6 轴机器人,可以灵活地生成任何空间轨迹,加之其运动快速、平稳、重复精度高,可充分保证生产节拍需求,并保证胶条均匀,使产品质量稳定。在 RobotStudio 中,应用"自动路径"生成涂胶轨迹程序。

　　在生产车间的涂胶工作站,除了涂胶工艺,另外还有玻璃清洗、底涂、装配等工艺也是在同一个工作站完成的,甚至是由同一个机器人完成的。在本任务中只仿真自动涂胶工艺,因此对工作站进行了简化,只包含了与涂胶有关的设备,主要是学习怎样创建工具固定、工件运动的工作站,巩固前面学习的"自动路径"生成轨迹的方法,仿真末端操作器抓取工件和机器人涂胶过程。

7.1.1　工作站布局

　　图 7-2 所示为涂胶工作站参考布局。

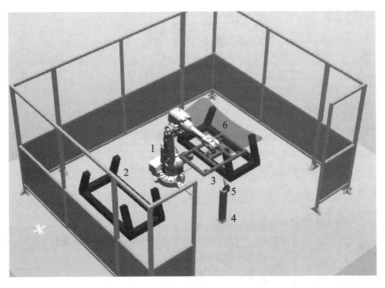

图 7-2　涂胶工作站参考布局

1—ABB IRB2600 机器人本体;2—放料架;3—末端操作器;4—立柱;5—固定胶枪;6—玻璃

7.1.2 工艺流程

工艺流程如表 7-1 所示。

表 7-1 工艺流程

步　骤	图　示	说　明
第 1 步		作业准备,机器人处于原点位置,启动系统
第 2 步		机器人行至玻璃放料位置,传感器检测到玻璃,打开真空,吸取玻璃
第 3 步		机器人吸取玻璃,行至胶枪位置
第 4 步		开始涂胶

步 骤	图 示	说 明
第 5 步	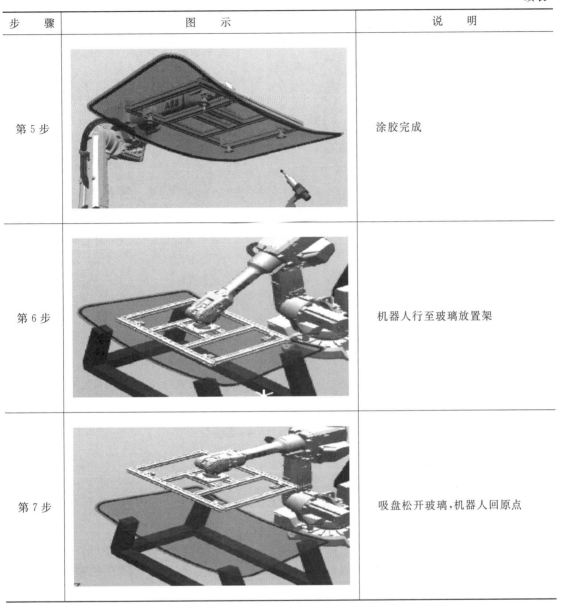	涂胶完成
第 6 步		机器人行至玻璃放置架
第 7 步		吸盘松开玻璃,机器人回原点

◀ 7.2 安装末端操作器和设置涂胶工具 ▶

在此工作站有两个工具,一个是图 7-3 所示吸取玻璃的吸附式末端操作器,它是装在机器人 6 轴的法兰盘上,随着机器人一起运动;另一个是图 7-4 所示涂胶用的胶枪,它是固定的,固定在机器人工作范围内的某个位置。

工具固定,工件运动,这与我们之前接触的工具工件不一样,工具坐标系和工件坐标系在设置方面有些差异。

1. 工具数据

在设置固定工具的工具数据 ToolData 时,第一个参数 robhold 设置为 FALSE,表示机械

图 7-3　末端操作器

图 7-4　涂胶胶枪

臂没有夹持工具。另外,TCP 的位置(X'、Y' 和 Z')是相对于大地坐标系来定义的,如图 7-5 所示。

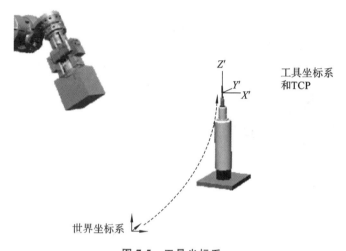

Z'

Y'

X'

工具坐标系和TCP

世界坐标系

图 7-5　工具坐标系

2. 工件坐标系

定义一个随机器人移动的工件坐标系,工件数据第一个参数 Robhold 设置为 Ture,表示机械臂正夹持着工件。工件坐标系的原点是在腕坐标系中定义的。

3. 创建步骤

(1) 导入工具的几何体。

(2) 创建工具的工具数据。在基本选项卡的路径编程组中,单击其他,然后单击工具数据,将打开创建工具数据对话框,将"机器人握住工具"选项设置为 False。

(3) 导入工件的几何体,并将其安装到机器人上。

(4) 在工件合适位置创建一个随机器人移动的工件坐标。在基本选项卡的路径编程组中,单击其他,然后单击工件数据,将打开创建工件数据对话框,将"机器人握住工件"选项设置为 True。

(5) 涂胶工作站的工具创建。

①解压文件包"gluestation_student. rspag"。

②创建机器人系统。在基本选项卡的机器人系统中点击布局,在选项中添加 709-1 DeviceNet Master/Slave 和 Chinese 两个选项。

③安装吸取末端操作器。在基本选项卡的导入模型库中浏览库文件,打开文件包"GripGlass. rslib"。在布局浏览器中将工具"GripGlass"拖到 IRB2600 机器人上,在弹出的"是否更新位置"的对话框中点击"是",末端操作器将安装到机器人法兰盘上。

④安装工具胶枪。在基本选项卡的导入模型库中点选设备,找到"MyTool",表示胶枪,点击图标,它将出现在工作站,如图 7-6 所示。把胶枪放置到立柱上,如图 7-7 所示。

⑤修改胶枪工具的 ToolData。在布局浏览器中右击"MyTool",点击"断开与库的连接"。在路径和目标点浏览器中找到 mytool,如图 7-8 所示,右击,在弹出的菜单中找到"修改 ToolData",点击,弹出对话框"修改工具数据",将"机器人握住工具"选项设置为 False,如图 7-9 所示。单击应用。在弹出的"是否要保持 MyTool 位置"窗口,点击"是"。

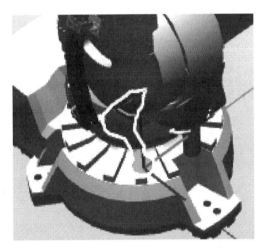

图 7-6 胶枪的初始位置

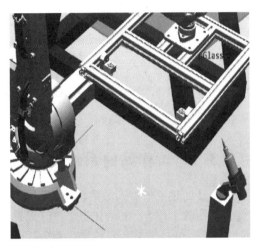

图 7-7 胶枪安装到立柱上

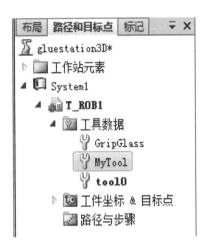

图 7-8 工具数据 MyTool

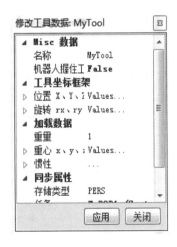

图 7-9 修改工具数据

⑥创建与机器人随动的工件坐标系。

在机器人夹持工件的工作站中,需要创建一个与机器人固连的工件坐标系。工件是在仿真过程中安装到机器人上,暂不添加。在基本选项卡的路径编程组中,单击其他,然后单击工件数据,将打开创建工件数据对话框,将"机器人握住工具"选项设置为 True。在用户坐标框架的位置中输入如图 7-10 所示的数据。点击 Accept,再点击对话框中的"创建",工件坐标创建完毕,如图 7-11 所示。

图 7-10　创建工件坐标

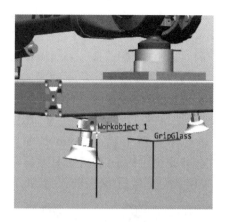

图 7-11　工件坐标

◀ 7.3　创建工作站系统 ▶

7.3.1　工作站的系统

前面已创建了机器人的系统,这里创建机器人 I/O 板和 I/O 信号。在控制器选项卡下的配置编辑器的 I/O System 中进行 I/O 配置,如表 7-2 所示。

表 7-2　涂胶机器人 I/O 信号

(1) I/O 板说明			
Name	使用来自模板的值	Network	Address
D652	DSQC 652	DeviceNet	62

(2) I/O 信号列表				
Name	Type of Signal	Assigned to Device	Device Mapping	I/O 说明
doGripglass	DO	D652	0	吸盘吸取玻璃
doStartGlue	DO	D652	1	胶枪开始涂胶
diPickOK	DI	D652	0	吸盘吸到玻璃

除了工业机器人系统外,另外还需创建一个 Smart 组件系统:仿真吸取玻璃末端操作器吸取玻璃,释放玻璃,在涂胶的过程中产生胶,并黏附在玻璃上,有如表 7-3 所示信号。

表 7-3　涂胶机器人 Smart 组件信号

信号类型	信号名称	信号功能
组件输入信号	diGripglass	吸盘吸取玻璃
	diStartGlue	胶枪开始涂胶
组件输出信号	doPickOK	吸盘吸到玻璃

7.3.2　吸附玻璃 Smart 组件系统

Smart 组件工作流程如图 7-12 所示。

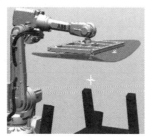

(a)传感器检测到玻璃，打开真空，吸取玻璃　　(b)机器人提升玻璃　　(c)胶枪开始涂胶，胶黏在玻璃上

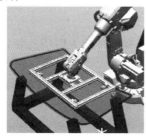
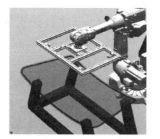

(d)放置玻璃于放料架上　　(e)吸盘松开玻璃

图 7-12　吸附玻璃 Smart 组件工作流程

1. Smart 组件设计分析

Smart 组件设计分析如图 7-13 所示。

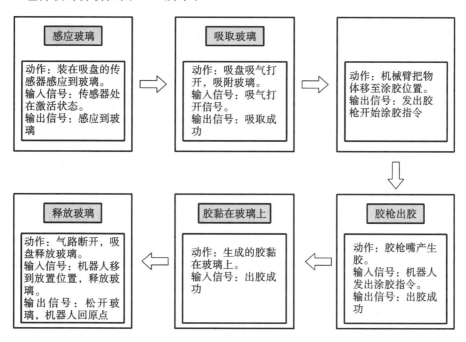

图 7-13　Smart 组件设计分析

2. 实现动作的基础组件

实现动作的基础组件如表 7-4 所示。

表 7-4　实现动作的基础组件

动　　作	基 础 组 件
感应玻璃	LineSensor
吸取玻璃	Attacher
胶枪出胶	Source
胶黏在玻璃上	Attacher
释放玻璃	Detacher

3. 创建 Smart 组件

下面为创建机床作业的 Smart 组件的步骤。

（1）在建模选项卡中单击 Smart 组件，在建模的浏览器中创建 SmarComponet_1，单击鼠标右键将其命名为"SmartGripGlass"。

（2）创建一个基础组件 LineSensor，其参数设置如图 7-14 所示。在窗口点击吸盘中心点作线传感器的起点，如图 7-15 所示，设定 LineSensor 竖直安装，对它的结束点，直接在起始点的基础上修改 Z 值即可。将半径（Radius）设置为 2 mm，点击"应用"。基础组件 LineSensor 创建完毕。

图 7-14　LineSensor 参数设置

图 7-15　线传感器起点

（3）设定拾取动作。创建基础组件"Attacher"和"Detacher"，其参数设置如图 7-16 和图 7-17 所示。此"Attacher"组件用于将玻璃安装到末端操作器上。

（4）创建子组件 Source，生成产品。添加基础组件 Source，在 Source 属性窗口的下拉菜单中点选物料"jiao"，单击应用。基础组件 Source 创建完毕。

（5）创建脉冲发生器。添加基础组件 Timer，其参数设置如图 7-18 所示。仿真时，在指定时间间隔发出一个脉冲信号，该脉冲信号作为基础组件 Source 输入信号，仿真连续生成胶。设置时间间隔为 0.1 s，此数据后面可以根据涂胶的密度修改，单击应用。

（6）创建胶黏在玻璃上的动作。应用基础组件"Attacher"仿真胶黏在玻璃上。组件的 Parent、Child 暂不设置，如图 7-19 所示。

（7）将组件输出的信号锁住。添加一个基础组件 LogicSRLatch，暂不进行信号连接。

（8）创建属性连接。在 Smart 组件编辑器的设计选项卡中添加属性连接，如图 7-20 所示。

图 7-16　Attacher 参数设置

图 7-17　Detacher 参数设置

图 7-18　Timer 参数设置

图 7-19　Attacher_2 参数设置

属性连结

源对象	源属性	目标对象	目标属性
LineSensor	SensedPart	Attacher	Child
Attacher	Child	Detacher	Child
Attacher	Child	Attacher_2	Parent
Source	Copy	Attacher_2	Child

图 7-20　属性连接

（9）创建信号与连接。

在 Smart 组件编辑器的信号和连接选项卡中添加数字输入信号"diGripperON""diStartGlue"，输出信号"doPickOK"。用"diGripperON"激活吸盘吸附玻璃的基础组件"Attacher"，"diStartGlue"激活产生胶的基础组件"Source"，"doPickOK"表示抓取玻璃完成。在 Smart 组件编辑器的设计选项卡中拖动鼠标进行信号关联。I/O 信号连接如图 7-21 所示。涂胶工作站 Smart 组件设计如图 7-22 所示。

I/O连接

源对象	源信号	目标对象	目标对象
SmartGripGlass	diGripperON	LineSensor	Active
LineSensor	SensorOut	Attacher	Execute
Attacher	Executed	LogicSRLatch	Set
LogicSRLatch	Output	SmartGripGlass	doPickOK
SmartGripGlass	diGripperON	LogicGate [NOT]	InputA
LogicGate [NOT]	Output	Detacher	Execute
Detacher	Executed	LogicSRLatch	Reset
SmartGripGlass	diStartGlue	Timer	Active
Timer	Output	Source	Execute
Source	Executed	Attacher_2	Execute

图 7-21　I/O 信号连接

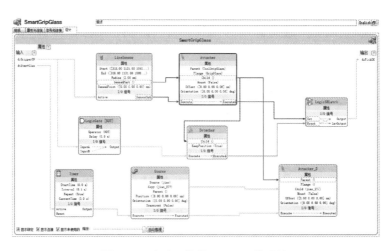

图 7-22　涂胶工作站 Smart 组件设计

7.4　涂胶机器人轨迹示教

（1）机器人原位点：pHome，如图 7-23 所示。

（2）机器人取料点：pPickGlass，如图 7-24 所示。

（3）机器人放料点：pPlaceGlass，如图 7-25 所示。

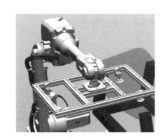

图 7-23　pHome 点设定

图 7-24　pPickGlass 点设定

图 7-25　pPlaceGlass 点设定

（4）玻璃的涂胶轨迹是空间曲线，可以应用自动路径生成涂胶轨迹。

①首先将工件坐标和工具坐标切换至之前创建的与机器人随动的"Workobject_1"和工具

坐标"MyTool"。

②将运动指令的参数设置到合适的值,如图 7-26 所示。

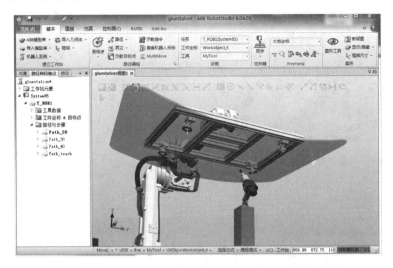

图 7-26　设置参数

③自动生成路径。在基本选项卡中,单击路径,然后选择自动路径,显示自动路径工具。点击玻璃的边缘,同时按住 Shift 键,将把玻璃整个边缘选中。选取玻璃表面作为参照面,点击创建,路径生成,如图 7-27 所示。

图 7-27　从玻璃边缘生成自动路径

④修改目标点。在"基本"功能选项卡中点击"路径和目标点"浏览器,依次展开工件坐标 & 目标点、Workobject_1、Workobject_1_of,选择生成的所有目标点,右击,单击"修改目标",选择"偏移位置"。在本地坐标下向玻璃内侧的坐标轴方向偏移 20 mm,如图 7-28 所示。旋转一个目标点,如图 7-29 所示。

选择其他目标点,右击,单击"修改目标",应用对准目标点方向,将其他点与前面一个点的方向对齐,如图 7-30 所示。

图 7-28 目标点偏移位置

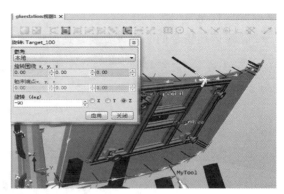

图 7-29 旋转一个目标点

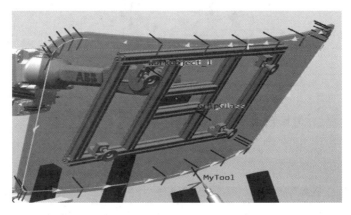

图 7-30 修改目标点方向

⑤检查到达能力。

在路径 & 目标浏览器中,右键单击要进行可达性检查的目标点或路径,单击可达能力,可查看所选对象的可达性状态。确认所有的目标点右侧都是绿标的打钩标记。

⑥配置参数。

在路径和目标浏览器中,右键单击某个路径,选择配置参数,然后选择自动配置。如果存在多个配置方案,单击每个配置进行查看,选择值相对较小的配置参数。确认后,机器人将沿着路径运动一遍,自动生成路径成功。

◀ 7.5 涂胶工作站工作逻辑连接 ▶

在"仿真"选项卡中的配置栏中,单击工作站逻辑,打开工作站逻辑编辑器进行信号连接。涂胶工作站的信号连接如图 7-31 所示。

I/O连接

源对象	源信号	目标对象	目标对象
System85	doGripGlass	SmartGripGlass	diGripperON
SmartGripGlass	doPickOK	System85	diPickOK
System85	doStartGlue	SmartGripGlass	diStartGlue

图 7-31 涂胶工作站的 I/O 连接

◀ 7.6 涂胶程序编辑 ▶

```
MODULE Module1
    CONST robtarget Target _ 10: = [[ - 364. 999953858, 621. 395245506, - 55.
553739686],[0.146352126,0.989232559, - 0.000000049,0.000000331],[ - 1,0, - 1,0],
[9E+ 09,9E+ 09,9E+ 09,9E+ 09,9E+ 09,9E+ 09]];
    ! Target_10到Target_380为涂胶轨迹点
    CONST robtarget Target_20:= [[ - 364.99999366, 371.914902409, 3.890792035],
[0.087044294,0.996204442, - 0.000000029,0.000000333],[ - 1,0, - 1,0],[9E+ 09,9E+
09,9E+ 09,9E+ 09,9E+ 09,9E+ 09]];
    CONST robtarget Target_30:= [[ - 365.000010069,185.641437976,28.398149002],
[0.043646807,0.999047024, - 0.000000015,0.000000334],[ - 1,0, - 1,0],[9E+ 09,9E+
09,9E+ 09,9E+ 09,9E+ 09,9E+ 09]];
    CONST robtarget Target_40:= [[ - 365.000015567, - 2.052377251,36.608689569],
[0,1,0,0.000000335],[0, - 1,0,0],[9E+ 09,9E+ 09,9E+ 09,9E+ 09,9E+ 09,9E+ 09]];
    CONST robtarget Target _ 50: = [[ - 365. 000010069, - 189. 746192477, 28.
398149002],[0.043646807, - 0.999047024, - 0.000000015, - 0.000000334],[0, - 1,0,
0],[9E+ 09,9E+ 09,9E+ 09,9E+ 09,9E+ 09,9E+ 09]];
    CONST robtarget Target_60:= [[ - 364.99999366, - 376.01965691,3.890792035],
[0.087044294, - 0.996204442, - 0.000000029, - 0.000000333],[0, - 1,0,0],[9E+ 09,9E
+ 09,9E+ 09,9E+ 09,9E+ 09,9E+ 09]];
    CONST robtarget Target _ 70: = [[ - 363. 918039302, - 638. 053440445, - 59.
390886807],[0.150157164, - 0.988662139, - 0.00000005, - 0.000000331],[0, - 1,0,0],
[9E+ 09,9E+ 09,9E+ 09,9E+ 09,9E+ 09,9E+ 09]];
    CONST robtarget Target _ 80: = [[ - 355. 533693178, - 661. 567526171, - 66.
792585395],[0.157311865, - 0.987548974, - 0.000000053, - 0.000000331],[0, - 1,0,
0],[9E+ 09,9E+ 09,9E+ 09,9E+ 09,9E+ 09,9E+ 09]];
    CONST robtarget Target _ 90: = [[ - 339. 681390994, - 681. 202028472, - 73.
189104196],[0.163313534, - 0.986574219, - 0.000000055, - 0.000000331],[0, - 1,0,
0],[9E+ 09,9E+ 09,9E+ 09,9E+ 09,9E+ 09,9E+ 09]];
    CONST robtarget Target _ 100: = [[ - 316. 022172404, - 695. 755760566, - 78.
058561782],[0.167778411, - 0.985824733, - 0.000000056, - 0.00000033],[0, - 1,0,0],
[9E+ 09,9E+ 09,9E+ 09,9E+ 09,9E+ 09,9E+ 09]];
    CONST robtarget Target _ 110: = [[ - 288. 509105115, - 701. 610034525, - 80.
048295129],[0.169578422, - 0.985516696, - 0.000000057, - 0.000000329],[0, - 1,0,
0],[9E+ 09,9E+ 09,9E+ 09,9E+ 09,9E+ 09,9E+ 09]];
    CONST robtarget Target _ 120: = [[ - 271. 075732838, - 700. 524403466, - 79.
686625666],[0.169052736, - 0.985606314,0.00019758,0.001151923],[0, - 1,0,0],[9E
+ 09,9E+ 09,9E+ 09,9E+ 09,9E+ 09,9E+ 09]];
```

CONST robtarget Target_130: = [[325. 287504967, - 599. 584268164, - 47. 806192171],[0.144436482,- 0.989514074,- 0.000000048,- 0.000000331],[0,0,0,0], [9E+ 09,9E+ 09,9E+ 09,9E+ 09,9E+ 09,9E+ 09]];

CONST robtarget Target_140: = [[337. 986945378, - 591. 011737599, - 45. 396123909],[0.140996827,- 0.990010048,- 0.000000047,- 0.000000331],[0,0,0,0], [9E+ 09,9E+ 09,9E+ 09,9E+ 09,9E+ 09,9E+ 09]];

CONST robtarget Target_150: = [[344. 545017985, - 577. 451393641, - 41. 62729754],[0.135564069,- 0.990768582,- 0.000000045,- 0.000000332],[0,0,0,0], [9E+ 09,9E+ 09,9E+ 09,9E+ 09,9E+ 09,9E+ 09]];

CONST robtarget Target_160:= [[345.00000634,- 376.019656902,3.891267461], [0.087044294,- 0.996204442,- 0.000000029,- 0.000000333],[0,0,0,0],[9E+ 09,9E+ 09,9E+ 09,9E+ 09,9E+ 09,9E+ 09]];

CONST robtarget Target_170: = [[344. 999989931, - 189. 746192499, 28. 398624446],[0.043646807,- 0.999047024,- 0.000000015,- 0.000000334],[0,0,0,0], [9E+ 09,9E+ 09,9E+ 09,9E+ 09,9E+ 09,9E+ 09]];

CONST robtarget Target_180:= [[344.999984433,- 2.052377251,36.609164926], [0,1,0,0.000000335],[0,- 1,0,0],[9E+ 09,9E+ 09,9E+ 09,9E+ 09,9E+ 09,9E+ 09]];

CONST robtarget Target_190:= [[344.999989931,185.641437998,28.398624446], [0.043646807,0.999047024,- 0.000000015,0.000000334],[- 1,- 1,- 1,0],[9E+ 09,9E + 09,9E+ 09,9E+ 09,9E+ 09,9E+ 09]];

CONST robtarget Target_200:= [[345.00000634,371.914902401,3.89126746],[0. 087044294,0.996204442,- 0.000000029,0.000000333],[- 1,- 1,- 1,0],[9E+ 09,9E+ 09,9E+ 09,9E+ 09,9E+ 09,9E+ 09]];

CONST robtarget Target_210: = [[344. 541674648, 573. 364903576, - 41. 632337926],[0.135571379,0.990767582,- 0.000000045,0.000000331],[- 1,- 1,- 1, 0],[9E+ 09,9E+ 09,9E+ 09,9E+ 09,9E+ 09,9E+ 09]];

CONST robtarget Target_220: = [[337. 985366939, 586. 908795685, - 45. 396631259],[0.140997554,0.990009944,- 0.000000047,0.000000331],[- 1,- 1,- 1, 0],[9E+ 09,9E+ 09,9E+ 09,9E+ 09,9E+ 09,9E+ 09]];

CONST robtarget Target_230: = [[325. 269451725, 595. 485850365, - 47. 807981537],[0.144439026,0.989513703,- 0.000000048,0.000000331],[- 1,- 1,- 1, 0],[9E+ 09,9E+ 09,9E+ 09,9E+ 09,9E+ 09,9E+ 09]];

CONST robtarget Target_240: = [[- 284. 18454808, 697. 574223285, - 80. 071831013],[0.169599634,0.985513046,- 0.000000057,0.00000033],[- 1,0,- 1,0], [9E+ 09,9E+ 09,9E+ 09,9E+ 09,9E+ 09,9E+ 09]];

CONST robtarget Target_250: = [[- 309. 913721547, 693. 811917534, - 78. 790931978],[0.168442554,0.985711472,- 0.000000056,0.00000033],[- 1,0,- 1,0], [9E+ 09,9E+ 09,9E+ 09,9E+ 09,9E+ 09,9E+ 09]];

CONST robtarget Target_260: = [[- 334. 743083964, 681. 140935736, - 74. 531060278],[0.16455267,0.986368298,- 0.000000055,0.00000033],[- 1,0,- 1,0],[9E + 09,9E+ 09,9E+ 09,9E+ 09,9E+ 09,9E+ 09]];

```
        CONST robtarget Target _ 270: = [[- 353. 388630431, 661. 043181181, - 67.
944285004],[0.158404427,0.987374315,- 0.000000053,0.000000331],[- 1,0,- 1,0],
[9E+ 09,9E+ 09,9E+ 09,9E+ 09,9E+ 09,9E+ 09]];
        CONST robtarget pHome:= [[945.000071573,0,1032],[0.000000157,0,1,0],[0,0,
0,0],[9E+ 09,9E+ 09,9E+ 09,9E+ 09,9E+ 09,9E+ 09]];
        ! 机器人原点
        CONST robtarget pPickAbove: = [[0. 000296651, 945. 000071573, 1032], [0.
000000111,- 0.70710667,0.707106892,0.000000111],[0,0,0,0],[9E+ 09,9E+ 09,9E+
09,9E+ 09,9E+ 09,9E+ 09]];
        ! 取玻璃的上方
        CONST robtarget pPickGlass:= [[0.000296651,944.99948726,504.630608391],[0.
0000001,  0.70710667,0.707106892,0.0000001],[0,0,0,0],[9E+ 09,9E+ 09,9E+ 09,9E
+ 09,9E+ 09,9E+ 09]];
        ! 取玻璃点
        CONST robtarget pPlaceAbove: = [[0. 000296651, - 945. 000071573, 1032], [0.
000000111,0.70710667,0.707106892,- 0.000000111],[- 1,- 1,- 1,0],[9E+ 09,9E+
09,9E+ 09,9E+ 09,9E+ 09,9E+ 09]];
        ! 放置玻璃上方
        CONST robtarget pPlaceGlass: = [[0. 000296651, - 945. 000266363, 526.
350253774],[0.000000111,0.70710667,0.707106892,- 0.000000111],[- 1,- 1,- 1,0],
[9E+ 09,9E+ 09,9E+ 09,9E+ 09,9E+ 09,9E+ 09]];
        ! 放置玻璃点
        PROC main()
                rInitialize;
                ! 初始化
                rPickGlass;
                ! 吸取玻璃
                rGlue;
                ! 涂胶
                rPlaceGlass;
                ! 放置玻璃
            ENDPROC
        PROC rPickGlass()
        ! 吸取玻璃子程序
                MoveJ pPickAbove, v1000, z100, GripGlass\WObj:= wobj0;
                 MoveL Offs (pPickGlass, 0, 0, 100), v400, fine, GripGlass \ WObj:=
wobj0;
                MoveL pPickGlass, v600, fine, GripGlass\WObj:= wobj0;
                set doGripGlass;
                ! 打开真空,吸附玻璃
                WaitTime 1;
```

```
        WaitDI diPickOK, 1;
         MoveL Offs (pPickGlass, 0, 0, 100), v400, fine, GripGlass \WObj:=
wobj0;
        MoveJ pPickAbove, v1000, z100, GripGlass\WObj:= wobj0;
    ENDPROC
    PROC rPlaceGlass()
    ! 放置玻璃子程序
        MoveJ pPlaceAbove, v1000, z100, GripGlass\WObj:= wobj0;
         MoveL Offs (pPlaceGlass, 0, 0, 100), v400, fine, GripGlass \WObj:=
wobj0;
        MoveL pPlaceGlass, v200, fine, GripGlass\WObj:= wobj0;
        reset doGripGlass;
        ! 关闭真空,释放玻璃
        waittime 1;
         MoveL Offs (pPlaceGlass, 0, 0, 100), v400, fine, GripGlass \WObj:=
wobj0;
        MoveJ pPlaceAbove, v1000,fine, GripGlass\WObj:= wobj0;
    ENDPROC
    PROC rInitialize()
    ! 初始化子程序
        MoveJ pHome, v1000, z50, GripGlass;
        Reset doGripGlass;
        AccSet 100, 100;
        VelSet 50, 1000;
        Reset doStartGlue;
    ENDPROC
    PROC rGlue()
    ! 沿玻璃边缘涂胶
        MoveJ Target_380, v1000, fine, GripGlass;
        MoveL Target_10,v1000,fine,MyTool\WObj:= Workobject_4;
        set doStartGlue;
        ! 胶枪开始涂胶
        MoveL Target_20,v300,fine,MyTool\WObj:= Workobject_4;
        MoveL Target_30,v300,z100,MyTool\WObj:= Workobject_4;
        MoveL Target_40,v300,z100,MyTool\WObj:= Workobject_4;
        MoveL Target_50,v300,z100,MyTool\WObj:= Workobject_4;
        MoveL Target_60,v300,z100,MyTool\WObj:= Workobject_4;
        MoveL Target_70,v300,z100,MyTool\WObj:= Workobject_4;
        MoveL Target_80,v300,z100,MyTool\WObj:= Workobject_4;
        MoveL Target_90,v300,z100,MyTool\WObj:= Workobject_4;
        MoveL Target_100,v300,z100,MyTool\WObj:= Workobject_4;
```

```
        MoveL Target_110,v300,z100,MyTool\WObj:= Workobject_4;
        MoveL Target_120,v300,z100,MyTool\WObj:= Workobject_4;
        MoveL Target_130,v300,z100,MyTool\WObj:= Workobject_4;
        MoveL Target_140,v300,z100,MyTool\WObj:= Workobject_4;
        MoveL Target_150,v300,z100,MyTool\WObj:= Workobject_4;
        MoveL Target_160,v300,z100,MyTool\WObj:= Workobject_4;
        MoveL Target_170,v300,z100,MyTool\WObj:= Workobject_4;
        MoveL Target_180,v300,z100,MyTool\WObj:= Workobject_4;
        MoveL Target_190,v300,z100,MyTool\WObj:= Workobject_4;
        MoveL Target_200,v300,z100,MyTool\WObj:= Workobject_4;
        MoveL Target_210,v300,z100,MyTool\WObj:= Workobject_4;
        MoveL Target_220,v300,z100,MyTool\WObj:= Workobject_4;
        MoveL Target_230,v300,z100,MyTool\WObj:= Workobject_4;
        MoveL Target_240,v300,z100,MyTool\WObj:= Workobject_4;
        MoveL Target_250,v300,z100,MyTool\WObj:= Workobject_4;
        MoveL Target_260,v300,z100,MyTool\WObj:= Workobject_4;
        MoveL Target_270,v300,z100,MyTool\WObj:= Workobject_4;
        MoveL Target_280,v300,fine,MyTool\WObj:= Workobject_4;
        MoveL Target_290,v300,fine,MyTool\WObj:= Workobject_4;
        reset doStartGlue;
        ! 胶枪停止涂胶
        MoveJ Target_380, v1000, z100, GripGlass;
    ENDPROC
    PROC rTeachPoint()
        MoveJ pHome,v1000,z100,GripGlass\WObj:= wobj0;
        MoveJ pPickAbove,v1000,z100,GripGlass\WObj:= wobj0;
        MoveL pPickGlass,v200,fine,GripGlass\WObj:= wobj0;
        MoveJ pPlaceAbove,v1000,z100,GripGlass\WObj:= wobj0;
        MoveL pPlaceGlass,v200,fine,GripGlass\WObj:= wobj0;
    ENDPROC
ENDMODULE
```

◀ 7.7 工作站仿真调试 ▶

在确保机器人程序和单个 Smart 组件能正常运行后,进行整个工作站的仿真调试,如图 7-32所示,步骤如下。

(1) 打开仿真选项卡中的"I/O 仿真器",点击"仿真",在仿真功能选项卡中单击 I/O 仿真器。

(2) 在弹出窗口,选择系统的下拉菜单点选机器人系统,在设备的下拉菜单中点选信号板 "d652"。

（3）单击播放按钮；观察机器人是否按照程序设定的动作运动。

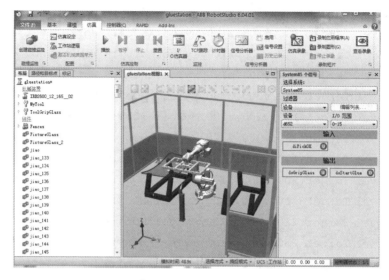

图 7-32　最终结果

工作站调试成功后，将工作站中的工业机器人的工作过程录制成视频。

课后练习

解压文件包"gluestation_student. rspag"，实现如下工艺流程：机器人从取料点吸取玻璃，行至胶枪处，沿玻璃边缘涂胶，如图 7-33 所示，涂胶一周后将玻璃移动到放料点，放置玻璃。

要求：①正确创建 Smart 组件；②满足以上工艺流程。

图 7-33　涂胶工作站

实践 8
码垛机器人的离线编程与仿真

【学习目标】

※ **实践目标**
- 学习码垛机器人工作站布局特点和工业流程。
- 学习码垛机器人工作站用到的 Smart 组件。
- 学习码垛机器人的编程。
- 学习码垛机器人工作站仿真调试。

※ **实践内容**
- 工艺流程分析。
- 创建机器人工具。
- 搭建工作站。
- 码垛工作站 Smart 组件系统。
- 码垛工作站工作逻辑连接。
- 编辑码垛程序。
- 工作站仿真调试。

※ **实践要求**
- 掌握码垛机器人工作站创建方法。
- 能正确设立 Smart 组件进行码垛工作站动作仿真。
- 掌握码垛工作站机器人的程序编程。
- 掌握码垛工作站仿真的调试方法和技巧。

◀ 8.1 工作站任务介绍 ▶

码垛机器人是用来堆放物品的一种机器人,关节式机器人结构精巧,占地面积小,能便捷地集成于紧凑型后道包装环节。同时,机器人通过手臂的摆动实现物品搬运,而使前道来料和后道码垛柔和衔接,可以提高码垛工作的生产效率。码垛机器人结构简单、零部件少。因此零部件的故障率低、性能可靠、保养维修简单。码垛机器人广泛应用于化工、饮料、食品、啤酒、塑料等自动生产企业;对各种纸箱、袋装、罐装、啤酒箱等各种形状的包装都适应。码垛机器人系统采用专利技术的坐标式机器人的安装占用空间灵活紧凑。能够在较小的占地面积范围内将建造高效节能的全自动砌块成型机生产线的构想变成现实。

本任务利用 ABB 机器人 IRB1410 来完成输送线末端物料的码垛工作,利用输送线将物料输送到末端,再由机器人将输送线上的物料拾取放到对应的垛盘上。

目标:用机器人在对应输送线上拾取方块物料,然后搬到对应垛盘进行码垛,全程无人员参与。规格:长 75 mm,宽 50 mm,高 50 mm。码垛节拍:平均 6.5 s/件。

8.1.1 工作站布局

图 8-1 所示为码垛工作站参考布局。

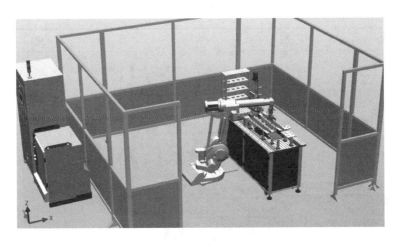

图 8-1　工作站参考布局

8.1.2　工艺流程

工艺流程如表 8-1 所示。

表 8-1　工艺流程

序　号	图　示	说　明
第 1 步		作业准备,机器人处于原点位置,启动系统
第 2 步		输送线开始向末端输送产品,产品到位后发出到位信号给机器人

序　号	图　　示	说　　明
第3步		机器人计算码垛位置,在输送线末端拾取产品,拾取产品后运动到安全高度
第4步		机器人从拾取安全点运动到码垛放置安全点,释放产品,然后机器人回码垛安全点
第5步	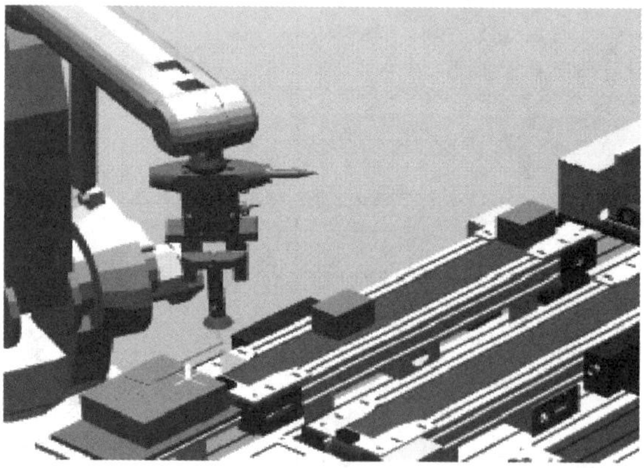	机器人判断垛盘情况,循环工作,直到垛盘码满

◀ 8.2　设置末端操作器 ▶

　　实训室的末端操作器正常安装如图 8-2 所示,此装置无法实现机器人拾取工件后将工件 90°转向,如图 8-3 所示,因此需对末端操作器进行改装,将真空管装在夹爪上,使真空管与机器人六轴法兰盘垂直,如图 8-4 所示。

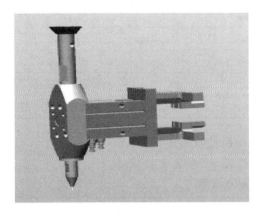

图 8-2 末端操作器

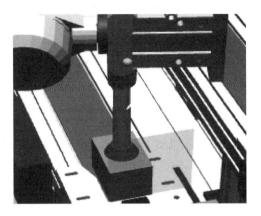

图 8-3 末端操作器工作状态

图 8-4 调整后的末端操作器

参照 2.2 节用户创建工具的方法创建工具。首先修改模型的本地原点,确保工具安装到机器人法兰盘上位置正确,然后在吸盘的中心处定义一个框架,以备在创建工具时使用。创建完后,点击建模选项卡的创建工具,按照 2.2 节的方法定义工具,并将工具保存为库文件。

◀ 8.3 创建工作站系统 ▶

8.3.1 工作站的系统

机器人的系统通过从布局创建系统,添加 709-1 DeviceNet Master/Slave 和 Chinese 两个选项。在控制器选项卡下的配置编辑器的 I/O System 进行 I/O 配置,如表 8-2 所示。

表 8-2 码垛机器人 I/O 表

(1) I/O 板说明			
Name	使用来自模板的值	Network	Address
D652	DSQC 652	DeviceNet	62

续表

（2）I/O 信号列表

Name	Type of Signal	Assigned to Device	Device Mapping	I/O 说明
do00_Vacunm	DO	D652	0	打开真空
di01Gripped	DI	D652	0	吸取产品成功
di00_BoxInPos_L	DI	D652	1	产品到输送线末端

除了工业机器人系统外，另外还需创建两个 Smart 组件系统。

（1）仿真输送线输送产品的 Smart 组件系统，有如表 8-3 所示 I/O 信号。

表 8-3　码垛输送线 Smart 组件

信 号 类 型	信 号 名 称	信 号 功 能
组件输入信号	diStart	启动系统
组件输出信号	doboxinpos	产品到输送线末端

（2）末端操作器吸取产品 Smart 组件系统。在末端操作器接到机器人可以吸取的指令时，真空打开，吸取产品；机器人运动时，产品随机器人和末端操作器一起动作；当末端操作器接到机器人释放产品指令时，关闭真空，释放产品。有如表 8-4 所示 I/O 信号。

表 8-4　码垛末端操作 Smart 组件

信 号 类 型	信 号 名 称	信 号 功 能
组件输入信号	diVacumnOn	打开真空
组件输出信号	doGripped	吸取产品成功

8.3.2　输送线 Smart 组件系统

输送线 Smart 组件工作流程如图 8-5 所示。

(a)输送线的一端产生产品

(b)产品沿输送线作直线运动

(c)到达输送线的末端产品
停止运动，传感器检测到产
品发出指令给机器人

(d)在末端产品被吸走后，
另一端产生物料

图 8-5　输送线 Smart 组件工作流程

1. Smart 组件设计分析

Smart 组件设计分析如图 8-6 所示。

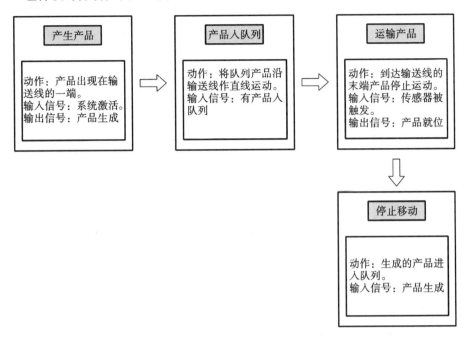

图 8-6　Smart 组件设计分析

2. 实现动作的基础组件

实现动作的基础组件如表 8-5 所示。

表 8-5　实现动作的基础组件

动　　作	基 础 组 件
产生产品	Source
产品入队列	Queue
运输产品	LinearMover&Queue
停止移动	PlaneSensor&Queue

　　输送线在运输时是可以运输多个产品的,并且是连续的,为仿真这一过程,我们应用 Queue 基础组件。

　　Queue 产生 FIFO(first in, first out)队列。当信号 Enqueue 被设置时,在 Back 中的对象将被添加到队列。队列前端对象将显示在 Front 中。当设置 Dequeue 信号时,Front 对象将从队列中移除。如果队列中有多个对象,下一个对象将显示在前端。当设置 Clear 信号时,队列中所有对象将被删除。

　　在 Smart 组件编辑器的组成选项卡中,点击添加组件,在弹出的菜单中找到其他,把鼠标移至其他,出现下级菜单,在下级菜单中点击 Queue,弹出 Queue 属性窗口。Queue 属性窗口各参数介绍如表 8-6 所示。

表 8-6　queue 功能属性信号说明

图　　示	说　　明		
	属性	Back	指定 enqueue 的对象
		Front	指定队列的第一个对象
		NumberOfObjects	指定队列中的对象数目
	输入信号	Enqueue	将在 Back 中的对象添加至队列末尾
		Dequeue	将队列前端的对象移除
		Clear	将队列中所有对象移除
		Delete	将在队列前端的对象移除并将该对象从工作站移除
		DeleteAll	清空队列并将所有对象从工作站中移除

3. 创建 Smart 组件

下面为创建机床作业的 Smart 组件的步骤。

（1）在建模选项卡中单击 Smart 组件，在建模的浏览器中创建 SmarComponet_1，单击鼠标右键将其命名为"SmartPartMove"。

（2）创建子组件 Source，生成产品。添加基础组件 Source，在 Source 属性窗口的下拉菜单中，点选物料"product"，单击应用。基础组件 Source 创建完毕。

（3）创建一个队列的基础组件。

（4）创建一个 LinearMover 组件，输送产品。运动方向和速度设置如图 8-7 所示。

（5）创建面传感器。添加基础组件 PlaneSensor。PlaneSensor 的参数和位置设置如图 8-8 和图 8-9 所示。

图 8-7　LinearMover 参数设置　　　图 8-8　PlaneSensor 参数设置　　　图 8-9　PlaneSensor 位置设置

（6）创建属性连接。在 Smart 组件编辑器的设计选项卡中，添加属性连接，如图 8-10 所示。

（7）创建信号与连接。在 Smart 组件编辑器的信号和连接选项卡中，添加数字输入信号 "diStart"，输出信号 "doboxinpos"。用 "diStart" 激活产生产品的基础组件 "Source"，"doboxinpos" 表示产品在输送线的末端就位。在 Smart 组件编辑器的设计选项卡中，拖动鼠标进行信号关联，信号连接如图 8-11 和图 8-12 所示。

属性连接

源对象	源属性	目标对象	目标属性
Source	Copy	Queue	Back
Queue	Front	LinearMover	Object
Source	Copy	Queue	Back
Queue	Queue	LinearMover	Reference

图 8-10　I/O 信号连接

I/O连接

源对象	源信号	目标对象	目标对象
SmartPartMove	diStart	Source	Execute
Source	Executed	Queue	Enqueue
PlaneSensor	SensorOut	SmartPartMove	doboxinpos
SmartPartMove	diStart	LinearMover	Execute
Source	Executed	Queue	Enqueue
PlaneSensor	SensorOut	Queue	Dequeue
PlaneSensor	SensorOut	Source	Execute

图 8-11　I/O 信号连接图

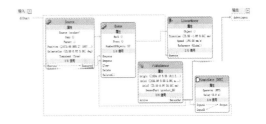

图 8-12　码垛工作站 Smart 组件设计

8.3.3　吸盘 Smart 组件系统

1. Smart 组件设计分析

吸盘 Smart 组件设计分析如图 8-13 所示。

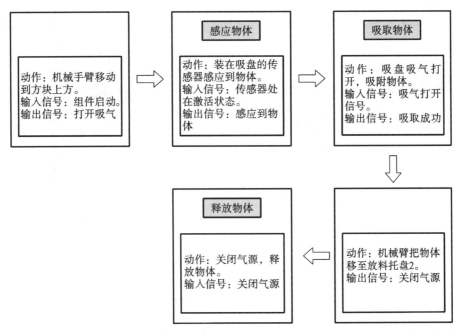

图 8-13　吸盘 Smart 组件设计分析

Smart 组件有如图 8-14 所示动作。

2. 实现动作的基础组件

实现动作的基础组件如表 8-7 所示。

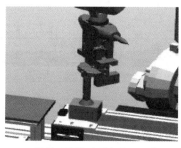 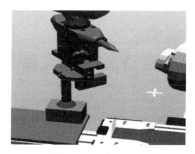

(a)机械手臂移动到产品正上方，传感器检测到物体，真空打开吸附

(b)机械臂吸取工件至垛盘，真空关闭，释放物体

图 8-14 吸盘吸料仿真动作

表 8-7 实现动作的基础组件

动　　作	基 础 组 件
感应物体	LineSensor
吸取物体	Attacher
释放物体	Detacher

3. 创建 Smart 组件

下面为创建搬运效果的 Smart 组件的步骤。为了创建 Smart 组件的方便，先将吸盘夹具调到图 8-15 所示的姿态，吸盘与地面垂直。

（1）创建感应物品的传感器。创建一个基础组件 LineSensor。在窗口点击吸盘中心点作为线传感器的起点，如图 8-16 所示，设定 LineSensor 竖直安装，它的结束点直接在起始点的基础上修改 Z 值即可。输入半径 2，点击应用，如图 8-17 所示。基础组件 LineSensor 创建完毕。

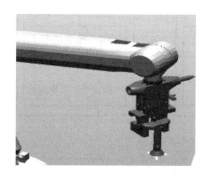 

LineSensor的起始点

图 8-15 调整工具的姿态　　　　　　　图 8-16 线传感器起点

（2）将 LineSensor 组件安装到机器人上，在弹出的"更新位置"窗口点击"否"。

（3）设定拾取动作，创建子组件"Attacher"和"Detacher"。Attacher 参数设置如图 8-18 所示。

（4）创建属性连接。

在 Smart 组件编辑器的设计选项卡中，将鼠标放置在"LineSensor"的"SensePart()"上，鼠标变成笔的图形，左击鼠标不放，移动到"Attacher"的"Child()"处。这样就把传感器检测到的物体关联到了子组件"Attacher"。接着连接"Attacher"的"Child()"和"Detacher"的"Child()"。

在 Smart 组件编辑器的属性与连接选项卡中可以看到连接关系，如图 8-19 所示。

（5）锁住信号和将信号还原。

基础组件 Attach 的输出信号是个脉冲信号，为保证机器人能检测到信号，将输出信号置 1，

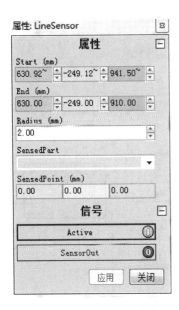

图 8-17　LineSensor 属性窗口　　　　图 8-18　Attacher 参数设置

属性连接

源对象	源属性	目标对象	目标属性
Attacher	Child	Detacher	Child
LineSensor	SensedPart	Attacher	Child

图 8-19　属性连接关系

并通过输入信号复位。因此增加两个基础组件 LogicSRLatch 和 LogicGate。

基础组件 LogicSRLatch 对输入信号进行 Set 和 Reset。LogicGate 按指定的设置进行逻辑操作,比如 AND、OR、NOT 等。

(6) 创建信号与连接。

在 Smart 组件编辑器的信号和连接选项卡中,添加一个数字输入信号"diVacumnOn"和一个输出信号"doGripped",如图 8-20 所示,用"diVacumnOn"激活线传感器。产品吸取成功后,通过输出信号"doGripped"告诉机器人。在 Smart 组件编辑器的设计选项卡中,拖动鼠标进行信号关联,如图 8-21 所示。在 Smart 组件编辑器的信号与连接选项卡中可以看到连接关系,如图 8-22 所示。

I/O 信号

名称	信号类型	值
diVacumOn	DigitalInput	0
doGripped	DigitalOutput	1

添加I/O Signals　展开子对象信号　编辑　删除

图 8-20　数字输入输出信号

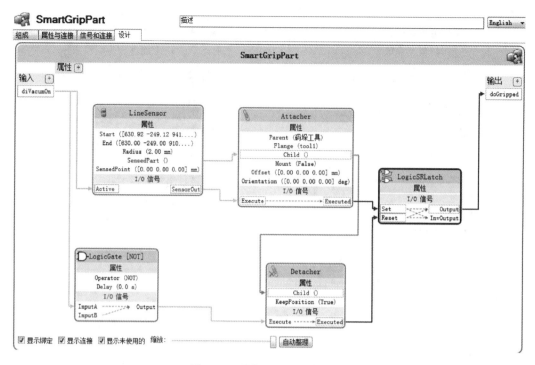

图 8-21　吸盘 Smart 组件设计

I/O连接

源对象	源信号	目标对象	目标对象
Attacher	Executed	LogicSRLatch	Set
LogicSRLatch	Output	SmartGripPart	doGripped
SmartGripPart	diVacumOn	LineSensor	Active
SmartGripPart	diVacumOn	LogicGate [NOT]	InputA
LogicGate [NOT]	Output	Detacher	Execute
Detacher	Executed	LogicSRLatch	Reset
LineSensor	SensorOut	Attacher	Execute

图 8-22　吸盘 Smart 组件信号连接

◀ 8.4　码垛机器人轨迹示教 ▶

码垛机器人轨迹示教：

（1）机器人原位点：pHome，如图 8-23 所示；

（2）机器人取料点：pPick_L，如图 8-24 所示；

（3）机器人 0°方向放料点：pPlaceBase0_L，如图 8-25 所示；

（4）机器人 90°方向放料点：pPlaceBase90_L，如图 8-26 所示。

图 8-23　pHome 点设定

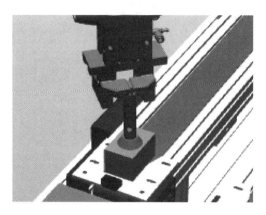

图 8-24　pPick_L 点设定

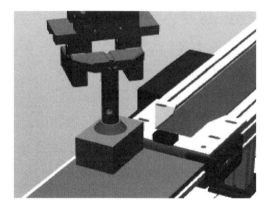

图 8-25　pPlaceBase0_L 点设定

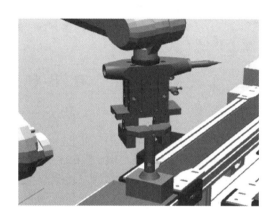

图 8-26　pPlaceBase90_L 点设定

◀ 8.5 码垛工作站工作逻辑连接 ▶

在"仿真"选项卡中的配置栏,单击工作站逻辑,首先创建一个输入信号"diStart",作为整个系统的启动信号。在工作站逻辑编辑器的设计选项卡中进行信号连接。码垛工作站的信号连接如图 8-27 所示。码垛工作站的工作站逻辑如图 8-28 所示。

I/O连接

源对象	源信号	目标对象	目标对象
SmartPartMove	doboxinpos	System87	di00_BoxInPos_L
System87	do00_Vacunm	SmartGripPart	diVacumOn
SmartGripPart	doGripped	System87	di01Gripped
PalletizerStation	diStart	SmartPartMove	diStart

图 8-27　码垛工作站的 I/O 信号连接

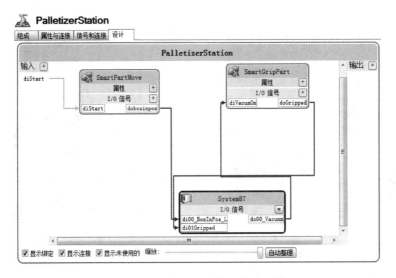

图 8-28　码垛工作站的工作站逻辑

◀ 8.6　码　垛　程　序 ▶

```
MODULE MainModule
CONST robtarget pPlaceBase0_L:= [[62.83,46.48,80],[5.98524E- 08,- 0.595852,0.803094,2.95108E- 08],[- 1,0,- 1,0],[9E+ 09,9E+ 09,9E+ 09,9E+ 09,9E+ 09,9E+ 09]];
CONST robtarget pPlaceBase90_L:= [[49.50,109.48,80],[1.65869E- 06,0.145548,0.989351,9.52639E- 08],[- 1,- 1,0,0],[9E+ 09,9E+ 09,9E+ 09,9E+ 09,9E+ 09,9E+ 09]];
CONST robtarget pPick_L:= [[883.21,- 283.69,865],[1.95581E- 08,0.146542,0.989204,- 3.04453E- 08],[- 1,0,- 1,0],[9E+ 09,9E+ 09,9E+ 09,9E+ 09,9E+ 09,9E+ 09]];
CONST robtarget pHome:= [[888.34,- 283.69,918.11],[1.59019E- 08,0.146542,0.989204,- 2.39591E- 08],[- 1,0,- 1,0],[9E+ 09,9E+ 09,9E+ 09,9E+ 09,9E+ 09,9E+ 09]];
PERS tooldata tool1:= [TRUE,[[- 28.5,0.824,283],[1,0,0,0]],[1,[0,0,1],[1,0,0,0],0,0,0]];
PERS wobjdata CurWobj:= [FALSE,TRUE,"",[[818.808,- 384.638,824.98],[0.808108,0,0,- 0.808108]],[[0,0,0],[1,0,0,0]]];
PERS robtarget pPlaceBase0;
PERS robtarget pPlaceBase90;
PERS robtarget pPick;
PERS robtarget pPlace;
PERS robtarget pPickSafe;
PERS num nCount_L:= 1;
```

```
PERS num nPickH:= 50;
PERS num nPlaceH:= 50;
PERS num nBoxL:= 85;
PERS num nBoxW:= 50;
PERS num nBoxH:= 50;
PERS bool bPalletFull_L:= TRUE;
PERS speeddata vMinEmpty:= [200,50,6000,1000];
PERS speeddata vMidEmpty:= [1000,50,6000,1000];
PERS speeddata vMaxEmpty:= [1000,50,6000,1000];
PERS speeddata vMinLoad:= [400,50,6000,1000];
PERS speeddata vMidLoad:= [600,50,6000,1000];
PERS speeddata vMaxLoad:= [900,50,6000,1000];
TASK PERS wobjdata WobjPallet_L:= [FALSE,TRUE,"",[[818.808,- 384.638,824.
98],[0.808106881,0,0,- 0.808106881]],[[0,0,0],[1,0,0,0]]];


    PROC main()
      ! 主程序 Main
        rInitAll;
        WHILE TRUE DO
            IF bPalletFull_L= FALSE AND di00_BoxInPos_L= 1 THEN
                rPick;
                rPlace;
            ENDIF
        WaitTime 0.3;
        ENDWHILE
    ENDPROC
    PROC rInitAll()
    ! 初始化例行程序
        ConfL\OFF;
        ConfJ\OFF;
        nCount_L:= 1;
        bPalletFull_L:= FALSE;
        Reset do00_Vacunm;
        MoveJ pHome,v1000,z50,tool1;
    ENDPROC

    PROC rPick()
        ! 拾取例行程序
        rCalPosition;
        ! 计算码垛的点位例行程序
        MoveJ Offs(pPick,0,0,nPickH),vMaxEmpty,z50,tool1\WObj:= wobj0;
```

```
            MoveL pPick,vMinEmpty,fine,tool1\WObj:= wobj0;
            Set do00_Vacunm;
            ! Waitdi di01Gripped, 1;
            Waittime 0.3;
            MoveL Offs(pPick,0,0,nPickH),vMinLoad,fine,tool1\WObj:= wobj0;
            MoveJ pPickSafe,vMaxLoad,z100,tool1\WObj:= wobj0;
        ENDPROC


        PROC rPlace()
            ! 放置码垛例行程序
             MoveJ Offs (pPlace, 0, 0, nPlaceH), vMaxLoad, z50, tool1 \ WObj: =
CurWobj;
            MoveL pPlace,vMinLoad,fine,tool1\WObj:= CurWobj;
            Reset do00_Vacunm;
            Waittime 0.3;
             MoveJ Offs (pPlace, 0, 0, nPlaceH), vMinEmpty, z50, tool1 \ WObj: =
CurWobj;
            rPlaceRD;
            MoveJ pPickSafe,vMaxEmpty,z50,tool1\WObj:= wobj0;
        ENDPROC


        PROC rCalPosition()
            IF bPalletFull_L= FALSE AND di00_BoxInPos_L= 1 THEN
                pPick:= pPick_L;
                pPlaceBase0:= pPlaceBase0_L;
                pPlaceBase90:= pPlaceBase90_L;
                CurWobj:= WobjPallet_L;
                pPlace:= pPattern(nCount_L);
            ENDIF
        ENDPROC
        FUNC robtarget pPattern(num nCount)
            ! 功能程序,根据对应的数据对相应的码垛点进行位置的赋值
            VAR robtarget pTarget;
            IF nCount> = 1 AND nCount< = 5 THEN
                pPickSafe:= Offs(pPick,0,0,100);
            ELSEIF nCount> = 6 AND nCount< = 10 THEN
                pPickSafe:= Offs(pPick,0,0,100);
            ENDIF
    TEST nCount
    ! 码垛层高,不同的层高时机器人码垛止方的安全高度也会进行相应改变
        CASE 1:
```

```
        pTarget.trans.x:= pPlaceBase0.trans.x;
        pTarget.trans.y:= pPlaceBase0.trans.y;
        pTarget.trans.z:= pPlaceBase0.trans.z;
        pTarget.rot:= pPlaceBase0.rot;
        pTarget.robconf:= pPlaceBase0.robconf;
        ！对第一层第一个方块物料的码垛位置进行赋值
CASE 2:
        pTarget.trans.x:= pPlaceBase0.trans.x+ nBoxL;
        pTarget.trans.y:= pPlaceBase0.trans.y;
        pTarget.trans.z:= pPlaceBase0.trans.z;
        pTarget.rot:= pPlaceBase0.rot;
        pTarget.robconf:= pPlaceBase0.robconf;
        ！对第一层第二个方块物料的码垛位置进行赋值
CASE 3:
        pTarget.trans.x:= pPlaceBase90.trans.x;
        pTarget.trans.y:= pPlaceBase90.trans.y;
        pTarget.trans.z:= pPlaceBase90.trans.z;
        pTarget.rot:= pPlaceBase90.rot;
        pTarget.robconf:= pPlaceBase90.robconf;
        ！对第一层第三个方块物料的码垛位置进行赋值
CASE 4:
        pTarget.trans.x:= pPlaceBase90.trans.x+ nBoxW;
        pTarget.trans.y:= pPlaceBase90.trans.y;
        pTarget.trans.z:= pPlaceBase90.trans.z;
        pTarget.rot:= pPlaceBase90.rot;
        pTarget.robconf:= pPlaceBase90.robconf;
CASE 5:
        pTarget.trans.x:= pPlaceBase90.trans.x+ 2* nBoxW;
        pTarget.trans.y:= pPlaceBase90.trans.y;
        pTarget.trans.z:= pPlaceBase90.trans.z;
        pTarget.rot:= pPlaceBase90.rot;
        pTarget.robconf:= pPlaceBase90.robconf;
CASE 6:
        pTarget.trans.x:= pPlaceBase0.trans.x+ nBoxL;
        pTarget.trans.y:= pPlaceBase0.trans.y;
        pTarget.trans.z:= pPlaceBase0.trans.z+ nBoxH;
        pTarget.rot:= pPlaceBase0.rot;
        pTarget.robconf:= pPlaceBase0.robconf;
CASE8:
        pTarget.trans.x:= pPlaceBase0.trans.x+ nBoxL;
        pTarget.trans.y:= pPlaceBase0.trans.y+ nBoxL;
```

```
                pTarget.trans.z:= pPlaceBase0.trans.z+ nBoxH;
                pTarget.rot:= pPlaceBase0.rot;
                pTarget.robconf:= pPlaceBase0.robconf;
            CASE 8:
                pTarget.trans.x:= pPlaceBase90.trans.x- nBoxW;
                pTarget.trans.y:= pPlaceBase90.trans.y;
                pTarget.trans.z:= pPlaceBase90.trans.z+ nBoxH;
                pTarget.rot:= pPlaceBase90.rot;
                pTarget.robconf:= pPlaceBase90.robconf;
            CASE 9:
                pTarget.trans.x:= pPlaceBase90.trans.x- nBoxW;
                pTarget.trans.y:= pPlaceBase90.trans.y+ nBoxW;
                pTarget.trans.z:= pPlaceBase90.trans.z+ nBoxH;
                pTarget.rot:= pPlaceBase90.rot;
                pTarget.robconf:= pPlaceBase90.robconf;
            CASE 10:
                pTarget.trans.x:= pPlaceBase90.trans.x- nBoxW;
                pTarget.trans.y:= pPlaceBase90.trans.y+ 2* nBoxW;
                pTarget.trans.z:= pPlaceBase90.trans.z+ nBoxH;
                pTarget.rot:= pPlaceBase90.rot;
                pTarget.robconf:= pPlaceBase90.robconf;
            DEFAULT:
                TPErase;
                TPWrite "The data 'nCount' is error,please check it!";
                stop;
            ENDTEST
            Return pTarget;
            ENDFUNC


    PROC rPlaceRD()
    ! 对左右垛盘码垛个数进行计算并根据对应条件进行相应处理
    Incr nCount_L;
        IF nCount_L> 5 THEN
            bPalletFull_L:= TRUE;
            nCount_L:= 1;
        ENDIF
    ENDPROC
    PROCrModPos()
    ! 专用示教目标点例行程序,可根据需要自己手动调用
        MoveL pPlaceBase0_L,v100,fine,tool1\WObj:= WobjPallet_L;
        MoveL pPlaceBase90_L,v100,fine,tool1\WObj:= WobjPallet_L;
```

```
        MoveL pPick_L,v100,fine,tool1\WObj:= wobj0;
        MoveL pHome,v100,fine,tool1\WObj:= wobj0;
    ENDPROC
ENDMODULE
```

◀ 8.7 工作站仿真调试 ▶

在确保机器人程序和单个 Smart 组件能正常运行后，进行整个工作站的仿真调试，步骤如下：

（1）打开仿真选项卡中的"I/O 仿真器"，点击"仿真"，在仿真功能选项卡中单击 I/O 仿真器；

（2）在弹出窗口，选择系统的下拉菜单点选工作站信号；

（3）单击播放按钮，点击信号"distart"；观察机器人是否按照程序设定的动作运动。如图 8-29 所示。

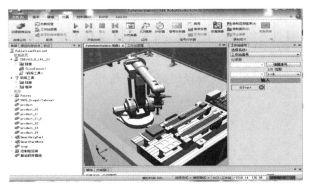

图 8-29　最终结果

工作站调试成功后，将工作站中的工业机器人的运行录制成视频。

课后练习

解压文件包"PalletizerStation.rspag"，实现如下工艺流程：双输送线同时向末端输送产品，机器人根据一定的顺序拾取产品，并按图 8-30 所示位置码放产品，两个垛盘码满 5 个，系统停止运行，实现双输送线码垛。要求：①正确创建 Smart 组件；②满足以上工艺流程。

图 8-30　双输送线码垛工作站

参考文献 CANKAOWENXIAN

[1] 叶晖. 工业机器人工程应用虚拟仿真教程[M]. 北京:机械工业出版社,2014.

[2] 叶晖. 工业机器人典型应用案例精析[M]. 北京:机械工业出版社,2013.

[3] 陈小艳,郭炳宇,林燕文.工业机器人现场编程(ABB)[M]. 北京:高等教育出版社,2018.

[4] 蒋庆斌,工业机器人现场编程[M]. 北京:机械工业出版社,2016.

[5] 禹鑫燚,王振华,欧林林. 工业机器人虚拟仿真技术[M]. 北京:机械工业出版社,2019.

[6] 魏志丽,林燕文,李福运. 工业机器人虚拟仿真教程[M]. 北京:北京航空航天大学出版社,2016.

[7] 宋云艳.工业机器人离线编程与仿真[M]. 北京:机械工业出版社,2017.

[8] 凌双明.《工业机器人离线编程与仿真》闯关式课程改革建设探索[J].科技展望,2017, 027(020):205,207.

[9] 吴涛. 工业机器人切削加工离线编程研究[D]. 杭州:浙江大学,2008.